大众文化
视野中的
审美疲劳
研究

姚　武　著

吉林教育出版社

图书在版编目 (CIP) 数据

大众文化视野中的审美疲劳研究 / 姚武著. — 长春:
吉林教育出版社, 2019.3
ISBN 978-7-5553-6946-2

Ⅰ. ①大… Ⅱ. ①姚… Ⅲ. ①审美文化—研究 Ⅳ.
①B83-0

中国版本图书馆CIP数据核字(2019)第051919号

大众文化视野中的审美疲劳研究　　　　　　　　　　　　　姚　武　著

责任编辑　韩　颖		封面设计　优盛文化

出　　版　吉林教育出版社（长春市同志街 1991 号　邮编　130021）
发　　行　吉林教育出版社
印　　刷　定州启航印刷有限公司

开　　本　710 毫米 ×1000 毫米　1/16
印　　张　14.75
字　　数　204 千字
版　　次　2019 年 3 月第 1 版
印　　次　2019 年 3 月第 1 次印刷
书　　号　ISBN 978-7-5553-6946-2
定　　价　69.00 元

前　言

"语言是存在的家园"源自德国哲学家海德格尔"人活在自己的语言中，语言是人'存在的家'，人在说话，话在说人。"语言是文化承载的重要工具，研究语言，可以窥视和探索文化。同时，语言具有与时俱进的时代内涵，很值得玩味。流行语就是具有鲜明时代特征和文化内涵的词汇。随着时代的发展，特别是中国改革开放 40 年以来，出现了很多新思想、新事物，而"流行语"正是这些新思想、新事物最好的见证和形象化的反映。作为中国改革开放以来出现的一种词汇现象，流行语不仅反映了一个时期内人们普遍关注的问题和事物，也反映了社会与时代的变化。"审美疲劳"一词便是 21 世纪初国内出现的流行语。2003 年，人们在观看电影《手机》时，电影中费墨对妻子说"两个人在一起生活了二十多年，总会有些审美疲劳"，编导用"审美疲劳"这个词来形容男女婚姻中的情感麻木，给观众留下深刻的印象，"审美疲劳"这一词很快成为当时的流行语。

在这个千变万化的时代，从流行语来考察和研究社会的变化与文化的变迁不失为一种行之有效的研究当代社会文化的视角。"审美疲劳"作为流行语，虽然源于电影《手机》中一句关于男女婚姻问题的调侃，但是经过探索其来源就发现，这一词脱胎于 20 世纪九十年代封孝伦等人的相关论述。结合时代语境，对"审美疲劳"这一语词在世纪之交前后的内涵进行探索和研究，不仅会反映出鲜明的时代变化，也会寄寓深刻的文化意蕴。该书就是从流行语"审美疲劳"的视角，来研究和探索当代审美文化特别是媒介文化的变迁，从"审美疲劳"的时代内涵探索开始，以小见大，进一步探索当代大众审美文化及媒介文化。"流行语"不仅昭示了人们思想的解放，也反映了人民群众主体地位的提升，"审美疲劳"一词也具有这两个方面的内涵，折射出当前审美文化的特性和时代的发展变化。

关于"大众文化视野中的审美疲劳研究"，我已关注这一论题将近 20 年。

"审美疲劳"一词从20世纪"人类生命美学"发展到当前"大众审美文化"，其内涵发生了微妙却令人深刻的变化，非常值得玩味，也值得深思。2006年，本人以硕士论文的形式对该论题进行了较为系统的论述。在随后的十多年教学和科研探索中，也不断地对该论题加以揣摩。先后发表系列论文10多篇，不仅在科研上对其相关问题进行深入探索，而且在教研过程中，把相关理论与大学教育相结合，用于教学探讨和指导教学实践。

其实，早就有把该论题写成一本书的想法，经过多年的积累和思考，终于下决心完成这个辛苦并快乐的撰写过程，主要是为了对自己关于该论题的思考有个较为圆满的交代，如果能为关注这一论题的同仁提供参考与借鉴，那也是一件让人心灵宽慰的事。

姚 武

2017 年 7 月 28 日

目 录

绪　论

一、研究背景

在电影《手机》上映之前，"审美疲劳"一词早就已经被人当作美学术语来研究和应用。20 世纪 90 年代中期，"审美疲劳"一词便出现在高鸣莺的《品小品——戏剧小品研究概观》和陈孝英的《徘徊于十字路口的电视晚会喜剧小品》中。1999 年，贵州师范大学教授封孝伦在他的著作《人类生命系统中的美学》中，专列一节来论述审美疲劳，主要从生命美学视角对"审美疲劳"进行研究。而作为流行语的"审美疲劳"，源于 2003 年电影《手机》的上映，在影片中，当男女感情出现问题，心理或者心态变得厌倦和麻木时，编剧者借用"审美疲劳"一词来形容。❶

诚然，仅从当代人的调侃和用语的俏皮来理解"审美疲劳"是远远不够的，在这"调侃"和"俏皮"的情绪表达的背后还隐含着许多复杂的问题。要理性地思考和解读"审美疲劳"的内涵及其所包含的文化内容，必然会涉及"大众文化视野中的审美""大众媒介和审美文化""多媒体语境中的审美形态""文化转型期大众的狂欢心理"等论题。其实，大众文化视野中"审美疲劳"不仅仅用来形容男女情感的厌倦，还可以从这拓展开去，结合当代审美文化语境，将"审美疲劳"作为文化现象来研究，是一个有趣且值得探讨的论题。在 20 世纪 90 年代，许多学者

---

❶ 姚武. 大众文化视野中："审美疲劳"为什么成为流行语 [J]. 语文学刊，2005（6）.

绪

论

○○１

在中国掀起了名噪一时的有关"审美文化"的大讨论，学者们从文化的视角和宏观的视野来探讨当代审美文化。然而，在20世纪末的最后几年，随着时代语境的转变，特别是审美的泛化，关于"审美文化研究"的讨论几乎陷入沉寂的境地，相关学者或思考者、探索者仿佛染上了"世纪病"情绪，大都疲于谈论"审美"，可谓一谈"审美"就"疲劳"。当然，这其中的原因很复杂，其中之一也许是"传统美学的现代转型和新时期美学的建构"的确是一项繁复工程的缘故。21世纪之初，随着学者们对大众文化研究的深入，审美文化的研究再度兴起。2003年1月18日，中国美学和文艺学的学者专家30余人在北京师范大学召开题为《媒介变化和审美文化创新》的学术研讨会，对"新兴文化的崛起""媒介变化与文化变迁的历史考察""媒介文化与审美文化的反思""文化产业与审美文化的创新"等论题进行探讨。2004年4月29日，国内知名的美学和文艺学专家就"生活审美化与文艺学的反思"这一论题在《社会科学报》上发表系列文章进行探讨。同时，有关此问题的讨论在各地陆续展开。由上可见，在大众文化视野中来谈论审美的新一轮热潮已经到来。

然而，要思考和研究大众文化视野中的"审美疲劳"，诚然不可脱离当前的文化语境，同样，也不能对作为大众文化视野中的流行语"审美疲劳"只做语义上的文化解读，而更应该把"审美疲劳"作为大众文化视野中的审美文化现象进行解读和研究。在大众文化视野中，表现"审美疲劳"文化现象的感性论述层出不穷，根据当前百度搜索引擎搜索结果，有关"审美疲劳"的相关文献信息高达到1200多万条，根据相关查阅和统计，绝大多数文献信息只停留在对"审美疲劳"这一词语的生动引用上，极少有文章对"审美疲劳"这一文化现象进行系统化理论化的探索和研究。2004年4月21日《光明日报》上潘天强的《多媒体时代如何对待审美疲劳》一文可以说是对"审美疲劳"这一文化现象的较理性的思考，在该文章中，作者主张合理利用媒介的技术优势趋利避害克服审美疲劳。2006年1月，笔者在北京语言大学比较文学与文化研究所攻读硕士学位，在张华教授指导下完成了硕士学位论文《大众文化视野中的审美疲劳研究》。根据中国知网搜索，相关硕士论文还有2009年山东师范大学的韩振宇的《大众文化视域下的审美疲劳研究》、2014年广西师范大学余婷的《论大众文化视野中的审美疲劳》，都从美学视角对审美疲劳进行相关研究。此后，在20余年高校科研与教育教学实践中，特别是通过公共艺术教育中"影视鉴赏""文艺鉴赏"等课程的教学与实践，笔者一直对该论题进行思考和探索，发表相关科研和教改系列论文10多篇，并主持完成相关课题两项：一项为湖南省教育厅科研项目"审美媒介化与大学生审美疲劳"；另一项为湖南省教育厅教改项目"公共艺术教育中大学生审美素质培养探索"。

二、研究思路

基于"审美疲劳"的上述由来和产生的语境，根据该论题的研究现状以及前期的研究成果与近期的思考探索，笔者主要从以下几个方面对大众文化视野中的"审美疲劳"进行研究：

第一，对"审美疲劳"的由来、内涵等进行解读，揭示大众文化视野中"审美"的文化特征和"疲劳"的生理性表现以及"审美疲劳"的文化内涵，并解读新媒体时代审美文化的新发展。

第二，通过分析"审美狂欢"和"审美疲劳"的关系，来解读"审美疲劳"中由"审美"到"疲劳"的心理内在冲突，理解新媒体对大众审美心理的影响，反思大众文化视野中的审美主体地位。

第三，通过分析"影像媒介"和"审美疲劳"的关系，来引发大众对"工具理性"的思考，并为走出"审美疲劳"的困境提供探讨和思路，寻求"美学突围"。

总之，该书试从解读"审美疲劳"的由来及其内涵开始，分别在"审美狂欢"的感性层面和"影像媒介"的理性层面对"审美疲劳"进行分析，目的在于通过"审美疲劳"的研究，引发人们对当代感性文化和工具理性的思考，并为当前的审美文化建设提供启示和借鉴。

第一章 大众文化视野中："审美疲劳"的由来及内涵

人们利用电脑连接互联网，通过各种搜索引擎搜索"审美疲劳"一词，根据搜索数据统计，我们会发现有几百万条甚至上千万条关于"审美疲劳"的搜索结果；在人们的日常生活中，在观看和欣赏各类电视节目时，电视屏幕上也经常出现"审美疲劳"一词，观众的耳朵也时常可以听到"审美疲劳"一词；即便人们阅读传统的纸质报刊，也会经常出现"审美疲劳"的字眼，甚至"审美疲劳"以赫然醒目标题形式跃入人们的眼帘……由此可见，"审美疲劳"作为大众审美文化视野中的流行语，不管是在当代电子媒介还是传统纸质媒介中，其使用频率还是比较高的，说明"审美疲劳"这一词已经广泛地渗透在大众的日常生活中。然而，"审美疲劳"作为流行语什么时候进入大众的日常生活，在大众文化视野中它又有什么样的内涵值得探究。本章主要探究大众文化视野中"审美疲劳"这一语词的由来及其内涵。

第一节 "审美疲劳"一词的来源

根据对相关文献的查询与探究，在国内关于"审美疲劳"一词的来源，较早出现于 20 世纪 90 年代中期一些学者和研究者的文章中，而在国外没有"审美疲劳"一词，在大众审美文化语境中，与它相类似的是尼尔·波兹曼使用的"娱乐至死"。20 世纪 90 年代中叶，高鸣鸾在《品小品——戏剧小品研究概观》中谈道："多年积累起来的审美疲劳便驱使人们近似疯狂的逆反心理，抵制一切陈旧的、固定的、灌输性的、模式化的艺术内容和艺术形式，这种厌旧厌同的普遍心态同现代人的求新求异心理一拍即合，成为新时期我国大多数欣赏者的一种重要审美趋向，而喜剧小品从两个方面正好吻合了这种需求。一是它以一种不同于人们所谙熟的各种艺术样式出现，使人耳目一新，于是观赏者对旧的艺术样式产生的审美疲劳顿时得到化解。"❶陈孝英在《徘徊于十字路口的电视

---

❶ 高鸣鸾.品小品——戏剧小品研究概观 [J].戏剧（中央音乐学院学报），1995（1）.

晚会喜剧小品》中谈到，喜剧小品之所以经久不衰，是因为它具有凝练性、瞬间性或片段性、精巧性、喜剧性等特点，这些特点让它彰显出独特的艺术魅力。喜剧小品的独特性顺应了诸如求新求异、追求快节奏、寻求娱乐、要求倾吐心声等种种大众的审美心理和审美趋势，在一定程度上消解了由于熟悉的艺术样式和僵硬的艺术模式所导致的观众的审美疲劳，在中国当代戏剧市场化、现代化和喜剧启蒙本体化、现代化探索方面具有开拓作用。联系这两篇文章的前后语境及主旨，这里的"审美疲劳"一词仍然属于传统美学范畴，根据上下文理解，"审美疲劳"指的是由"熟悉的艺术样式和僵硬的艺术模式所积累起来"的审美主体的"厌旧厌同的普遍心态"。❶较早从美学范畴较全面论述"审美疲劳"的学者应该是贵州师范大学的封孝伦教授。他在美学专著《人类生命系统中的美学》（1999年）中专列一节（第六章第六节）从生命美学视角来论述"审美疲劳"。主要从"审美也会疲劳""审美疲劳的不同类型""审美疲劳的制约因素""审美疲劳的美学意义"四个方面论述了人类生命系统中的"审美疲劳"。在书中，封孝伦教授给"审美疲劳"做出的阐释是："（审美疲劳）具体表现为对审美对象的兴奋减弱，不再产生较强的美感，甚至对对象表示厌弃。"❷可以看出，封孝伦教授把"审美疲劳"当作美学范畴领域的用语进行较全面的论述和探析，主要应于生命美学，其含义仍然没有越出"审美主体在欣赏鉴别事物或艺术品的美并做出评价时感觉疲乏劳累或者对审美对象的兴奋减退"的藩篱。所以，作为美学词汇的"审美疲劳"，其内涵只是"审美过程中的表现为厌弃麻木的心理体验状态"，是对审美主体在审美过程中的厌倦心态的概括。

在2003年年底冯小刚执导的新年贺岁片电影《手机》中，费墨在形容自己与妻子感情出现问题时有一句台词："两个人在一起生活了

❶ 姚武. 大众文化视野中"审美疲劳"的由来及其内涵 [J]. 现代语文，2005（12）.

❷ 封孝伦. 人类生命系统中的美学 [M]. 合肥，安徽教育出版社，1999:12。

二十多年，总会有些审美疲劳。"很显然，电影用"审美疲劳"来形容男女婚姻中的情感麻木，即所谓的"三年之痒""七年之痒"等对情感厌倦心态的描述，给大众留下深刻的印象，很快成为挂在人们口头上的流行语。原来属于美学用语"审美疲劳"经过冯小刚等电影编导的点睛妙用之后，迅速成为流行语，成为不少人嘴里时髦的口头禅。电影中的这个形容夫妻感情出现问题的新词，"审美疲劳"后来被人们用来形容因长期与没有变化的某人某事接触而产生厌倦、麻木心理。诸如央视春晚年年岁岁花相似——审美疲劳；白领在办公室里每天看着几张同样的面孔——审美疲劳；中国娱乐文化中的男明星"娘化"——审美疲劳；好莱坞大片模式化类型化制作——审美疲劳。很显然"审美疲劳"这一词语应用不断地泛化，其词义也进一步扩大，人们往往借"审美"一词来表达自己的情感宣泄。在当代审美文化中，只要你被什么弄烦了，大众都可以宣布遭遇"审美疲劳"。❶这样，在大众文化视野中，随着审美方式的改变及"审美"词义的泛化，"审美疲劳"便成为大众在宣泄心中的郁闷情绪时的一种"调侃"和"俏皮表达"，在日常生活中，大众基本上每时每刻都可以用这个词为自己的郁闷开脱。

作为流行词汇的"审美疲劳"在2003年年底冯小刚执导的新年贺岁影片《手机》上映之后进入了大众的日常生活。虽然其内涵没有完全摆脱美学范畴中"厌倦心态"这一核心概括，但人们借助这一词汇来进行调侃和俏皮表达所承载的文化内涵是非常丰富的，而且是一个有趣的值得思考和探索的论题。

---

❶ 姚武．大众文化视野中"审美疲劳"的由来及其内涵 [J]．现代语文，2005（12）.

第二节 "审美疲劳"中"审美"的内涵

一般来说，"审美"被看作是审美主体对审美客体的评价性活动，包括审美评价和审美再创造活动两个方面。在有关审美的相关研究中，一般从审美主体、审美客体、审美品格等方面对审美活动进行考察。在大众文化视野中，要探究作为流行语"审美疲劳"中的"审美"内涵，实际上就是探索大众审美文化中"审美"的内涵。大众文化作为大众日常生活中的审美文化"是一种创造性的审美活动，大众文化产品具有的艺术内涵、审美风格和浓郁的美感气息则是生产者在审美意识的支配下创造性劳动的结晶"。大众文化视野中的"审美"作为当代审美文化中的范畴，具有文化学的内涵。文化作为人类生活方式的概括，包括符号文化及生活方式的文化。作为研究人类生活方式的学科，文化学涉及大众生活的各个方面。因而，大众文化视野中的"审美"内涵定然会涉及大众文化生活的各个领域而具有审美文化的内涵。❶当然，审美活动具有时代性，会随着时代的变化而呈现不同的审美形态。与传统审美相比较，大众文化视野中的作为审美文化的"审美"，其内涵呈现出许多新的特征。

一、大众审美文化中的审美主体扩大化

经典美学范畴中的审美被看作是一项崇高的发生在审美主客体之间的心理实践活动。例如在胡经之编著的《文艺美学》中，审美主体在文艺欣赏和研究过程中处于主导地位，作为文艺作品的欣赏者和研究者，审美主体在对象性活动中的主体地位不可撼动。要顺利地进行审美活动，审美主体还必须有一定的智力支持或相关的知识积累。比如在西方中世纪文化中，特别是 5~10 世纪，上层贵族和教会僧侣才有接受教育的权利，欣赏文艺作品成为上层贵族和教会修士的特权，他们具有识字

❶ 姚武. 大众文化视野中"审美疲劳"的由来及其内涵 [J]. 现代语文，2005（12）.

基础和相关知识，能够理解高雅的艺术并懂得审美，而平民阶层几乎没有这样的条件。与之相类似，在漫长的中国传统社会，审美被看作是知识分子所从事的高雅活动，而作为粗鄙之人的下层民众却常常不能登大雅之堂，更不能理解什么是高雅的艺术。

大众是大众文化的参与者，也是大众审美文化的主体，与传统的审美主体相比较，审美主体由文化精英阶层下移呈现大众化趋势，审美主体的阵营得到很大的扩展。大众能够成为大众审美文化的审美主体，主要有两个方面的原因：第一，审美客体直观呈现使得审美的门槛降低，审美不再是文化精英的特权。大众文化往往借助影像媒介呈现感性化的通俗易懂的真实世界，主要表现为诉诸直觉的感性的影像文化，是一种通俗化、流行化的文化，易为大众所接受。它通过传媒中介来直接呈现形象，比解读传统审美过程中文字符号直观得多，审美要求降低了，广大的普通大众可以成为大众审美文化的主体。第二，教育的普及化及教育水平的提升使得大众具备了审美的基本能力。审美总是需要一定的智力支撑的，无论审美要求怎么低，审美主体都需要具备识字能力和回忆图像世界的能力。在工业化商品化不断加深的社会中，教育不断普及，教育水平不断提升，这是一个广泛识字的社会，大众的认识水平和理解能力也不断提高。当然，大众对图画世界的理解能力在长期的熏陶中也得到强化，总会在影像媒介所呈现的符号世界中找寻到记忆中图画的影子而引起审美共鸣。根据雷蒙德·威廉斯在《文化与社会》中所提到的，"从文化研究的角度看，由于教育水平的普遍提高，以及大众传媒的民主化……大众被看作是都市人的平均状态。"由此可见，即便按照约翰费斯克的理解，大众属于"庶民"阶层，也是指具有一定文化素质具有一定审美能力的文化消费者，哪里有大众文化消费，哪里就有大众，大众文化从大众中来，大众文化是大众的生活、思想、情感和心理的反映。❶

---

❶ 姚武.大众文化视野中"审美疲劳"的由来及其内涵 [J].现代语文，2005（12）.

所以，大众审美文化视野中的审美主体不再局限于传统意义上的文化精英，而扩展到作为大众消费文化的消费者——大众群体。

二、大众审美文化中的审美客体泛化

审美客体，即与审美主体相对应的审美对象，是指进入审美主体欣赏或研究视野的能够引起美感的客观对象，具有审美属性的自然、社会、艺术作品、科学现象等均可成为审美客体。一般来说，文艺美学中的审美对象主要是各种文学艺术作品。具体说来，文艺美学中的审美客体包括文学、绘画、建筑、音乐、舞蹈等。审美客体要么具有肯定的审美价值，如崇高、优美；要么具有否定的审美价值，如卑下、丑恶。

与经典美学中的审美客体一样，大众审美文化视野中的审美客体也是客观存在的。而与传统审美客体比较，大众审美文化视野中的审美客体范围不断扩大，从传统的诸如文学、绘画、建筑、音乐、舞蹈等艺术种类扩展到电视、电影、网络、广告等多媒体所呈现的影像符号世界。此外，日常生活也被纳入大众审美文化视野中审美客体的范畴，"它强调对日常生活的文化现象即消费文化尤其是流行时尚的关注，因此经典美学里从未有过的时装服饰、室内装潢、广告设计甚至度假村布局等正式进入当代美学的研究视野"❶。当代审美文化中的审美客体得到了明显的扩大和延展，近乎泛化，人们的日常生活中无处没有美的存在、无时不有美的现身。"技术的发展使日常生活有了更多的表现形式。摄影、录像、大量的图像和符码表现出对生活极大的兴趣。我们的吃、穿、用、行全部处于一种有谋划的艺术包装中。影视、媒体为我们提供无休无止、令人惊异神迷的影像和仿真的超负荷信息。我们的日常生活因为审美的发现而成了艺术，成了文化。"❷由于媒介与消费的联系密切，日常生活艺术化并获得审美观照而进入大众的审美视野。就改革开放 40 年来的文学艺术来说，从包含着重大题材的改革文学到反映日常生活琐

❶ 姚武. 大众文化视野中"审美疲劳"的由来及其内涵 [J]. 现代语文，2005（12）.

❷ 王敏. 日常生活审美呈现的现象学反思 [J]. 株洲师范高等专科学校学报，2006（2）.

事的新写实小说，从实事求是的真理大讨论到关注民生问题的底层叙事，这些都表明了文学叙事由关注时代变革的宏观叙事转向为关注大众日常消费文化生活的微观叙事；从充满激情的理想化追求到洋溢着热血的改革与创新，从理性的纯审美大讨论到消费文化的审美评价，审美客体随着时代的发展而发生变化，其内涵有了很大的扩展。随着审美与媒介融合的不断深入，审美获得与生活同一的内涵，日常生活审美化成为审美客体泛化的集中体现。作为大众文化的机构化存在的电视、电影、报纸等为日常生活审美化提供了物质上的基础，为大众审美提供场所和阵地。从大众文化制造和传播主体来说，作为消费文化的大众文化以商品化的形式存在，并以审美化的形式作为其外在的包装。那么，日常生活审美化具体表现为大众在诸如购物、进歌舞厅、唱卡拉 OK、欣赏足球赛乃至健身等文化消费活动中都予以审美关照，让消费者沉浸在灯光色影所营造的审美情境当中。根据审美客体范围的差异，我们可以把经典美学称为艺术美学，把大众文化视野中的美学称为文化美学或审美文化 ❶。

因而，当大众文化视野中的审美泛化为"审美与生活同一"时，日常生活便获得了感性化的审美观照，审美客体无处不在。支配消费主体的审美意识不再局限于传统美学意义上的道德伦理的理性世界，而是指向获取感性愉悦的商品化世界，审美客体也相应地指向与日常生活相关的各种消费商品。

三、大众审美文化中的审美品格世俗化

一般来说，审美品格是审美主客体之间建构的审美活动所表现出的总体倾向，包括审美主体的审美意识、审美客体的审美特征以及所属时代的审美风尚等因素，具有鲜明的区域特色和时代特色。比如欧洲古代女性以丰腴为美、中国唐代女性以胖为美，而现代女性则以苗条和瘦为

---

❶ 姚武．大众文化视野中"审美疲劳"的由来及其内涵 [J].《现代语文》．2005:12

美。我们拿当代大众审美文化与传统经典美学中的审美品格来作比较，会发现两者的审美品格存在较大的差异，经典美学中的审美品格具有高雅化的总体倾向，而大众审美文化视野中的审美品格则洋溢着世俗化的气息。

首先，就审美主体的审美价值取向来说，当代审美文化视野中的审美主体"大众"热衷于沉浸在影像叙事中以追求感性娱乐为主，而经典美学中的审美主体（文化精英）更多追求高雅的艺术作品以实现精神的提升。中国传统美学的审美品格注重通过人与自然、人与人之间的关系来追求静、虚、雅的精神境界，人更多地融于自然当中，强调人与自然的和谐。而大众审美文化视野中审美注重追求身体的感性愉悦，通过影像媒介所呈现的欲望化的符号世界来感受，并不强求深层次的精神愉悦和灵魂净化，在审美活动中更加彰显审美主体的地位。

其次，在审美特征上，与经典美学中的审美理性化、空间化、虚静化相比较，大众文化视野中的审美特征表现为视觉化、平面化及狂欢化。视觉化特征是大众审美的特征之一。大众文化是一种直接诉诸感官的文化，审美表现直观化，通过媒体用"逼真"的虚拟世界直接刺激大众的视听感官，使大众获得形象化的审美图画。而经典美学中的审美有一个从审美表象到审美意象的转换和间接的精神提升过程，具有理性化特征。平面化特征是大众审美另一个特征。大众审美文化中的审美情境大都通过影像媒介直接呈现。影像媒介既充当了审美阐释的中介，又通过生动的形象消解审美主体与审美对象之间的距离。由于大众审美文化视野中的审美具有平面化的特征，消解了观众的深度认知模式。经典美学追求令人回味的"韵味"，在对文字符号的解读过程中审美主体有足够空间和时间去回味其中的韵味，从而，表现出有距离的深度模式特征。影像媒介在呈现审美图画时的信息杂糅化和显现的瞬间化特点很难让大众产生有距离的深度模式思考 ❶。此外，大众文化视野中的审美还具有狂欢化

❶ 姚武．大众文化视野中"审美疲劳"的由来及其内涵 [J]．现代语文，2005（12）．

特征。如前所述，大众文化视野中的影像媒介提供了全民性的公共领域，为公众提供摆脱束缚而自由狂欢的舞台。"狂欢使人摆脱一切等级、约束、禁令，采取的是非官方的、非教会的角度与立场。这样就形成了一个与现实制度相隔离的第二世界，在这里，节庆性成为民众暂时进入全民共享、自由、平等和富足的乌托邦王国的第二种生活形式（狂欢节式的自由自在的疯狂的恣情的生活）。"❶而中国经典美学追求"虚静"，通过领悟"虚静"来陶冶情操和提升精神。

最后，在审美风尚上，中国传统美学推崇"韵味"、追求高雅，而大众审美文化却导向感性放纵、追求娱乐。西方经典美学也以推崇高雅艺术为主，重悲剧而轻喜剧，向来有悲剧崇高喜剧低俗的传统。而当今大众文化视野中的审美往往追求喜剧性的审美风格，遵循轻松、快乐、狂欢的原则，整体格调轻松活泼，强调身体的快感，在日常生活中赢得大众的欢愉、认可和接受。

在大众文化视野中，由于影像媒介的平面化、直观化呈现及商品化等新品格的影响，审美也表现出新的品格：审美意识上追求感性娱乐；具有直觉化、平面化、狂欢化审美特征；推崇喜剧追求轻松活泼审美风格。大众文化视野中审美的整体品格可以概括为：世俗化。正如周宪先生所阐述的"告别悲剧：'喜剧'时代来临"，我们也可以说：告别崇高，世俗化的审美时代来临。

❶ 周建萍.追寻"狂欢"——巴赫金的"狂欢"理论与当代大众文化现象[J].齐齐哈尔大学学报，2004（9）.

第三节　"审美疲劳"中"疲劳"的内涵

在《现代汉语规范词典》中，"疲劳"有两个解释："一、疲乏劳累；二、材料或物体因受力过久而减退或失去正常的作用。"根据大众文化是一种诉诸感官追求感性愉悦甚至狂欢的文化，那么，"审美"便是大众通过影像媒介获得感性愉悦过程中的评价和创造性活动，并且还暗含着大众把持着强烈的感性狂欢的欲求，"审美"本身也就具有了"狂欢化"品格。而"疲劳"自然就成为感性愉悦之后的身心疲乏和兴趣减退的状态并表现为厌弃的心理抵制，又由于审美诉诸感官追求感性愉悦，疲劳还体现为诸如视觉疲劳、听觉疲劳等生理性疲劳。

一、大众文化视野中："疲劳"的特点

随着大众媒介的普及，大众文化渗透到大众日常生活的方方面面，大众文化由于直观化的呈现形象非常贴近大众的生活，让大众感觉亲切而实在。大众全身心地感受和审视大众审美文化，在感性的愉悦和理性的审视中积累了"剪不断理还乱"的"疲劳"。这种疲劳具有综合化、群体化、累积化的特点。❶

（一）疲劳综合化

与文艺美学中的"审美疲劳"不同，大众审美文化视野中的"疲劳"不仅仅表现为"心理上的厌倦和抵制"，也表现为"身体上的疲劳"，是一种包括"心理疲劳"和"生理疲劳"的综合化的疲劳。

大众文化是以影像媒介为手段的日常文化形态，按照商品规律来运作，它的目的在于使普通市民获得日常感性愉悦。有大众传播媒介的直观化、平面化特征，大众对大众审美文化的接受是从视听感官到内在心

---

❶ 姚武.大众文化视野中的"审美狂欢"与"审美疲劳"[J].邵阳学院学报，2006（2）.

理等的全方位接受，在屏幕所呈现的各种信息的"狂轰滥炸"中，人的各种感官被动地接受，以至于眼睛应接不暇、耳朵被塞满、心理受挤压。可见，在对大众文化的各种信息的处理中，大众的各种感官和心理机制都在开启，而且处于兴奋和激动状态，久而久之，大众的口味随着市场的发展变得越来越没有耐性，不断追求新的刺激，易于厌倦产生疲劳。由于这是全方位的感知，因而，大众所产生的疲劳也是全方位的，不仅有视觉、听觉等方面的生理疲劳，也有遭到内在的心理机制所排斥而产生的表现为厌倦、麻木的心理疲劳。总之，这种疲劳是综合性的疲劳。❶

（二）疲劳群体化

可以说，大众审美文化是个大染缸，同化许多人的感官、软化许多人的心理机制，具有明显的群体化特征，尽量迎合着大众的欣赏趣味。根据不同群体的需求，大众文化会采取多样化的文化策略。电视频道的个性化以及网络媒体的多样化便是大众文化群体化特征的表现。例如：家庭妇女爱看肥皂剧，青年女性陶醉于言情剧，年轻男性喜欢体育节目，青少年热衷于上网聊天打游戏，儿童迷恋卡通。基于大众文化群体化特征，大众文化视野中的疲劳也表现出群体化特征。例如：得"电视病"的人主要为妇女和儿童群体，许多痴迷于肥皂剧的家庭妇女为臃肿肥胖的"沙发土豆"（Potatoes in sofa，"电视迷"的意思，该词最早源于英国）身材感到身心疲劳，迷恋卡通剧的儿童不仅身心疲劳而且易于产生自闭的心理障碍。同样的道理，感染"网络成瘾综合征"的主要是青少年群体。在大众文化视野中，不管是"电视病"还是"网络成瘾综合征"都是审美疲劳的突出表现，而犯有这些疲劳病症的人呈现出了一定的群体化趋势。因而，大众文化视野中的"疲劳"具有群体化特征❷。

---

❶ 姚武.多媒体时代大学生的审美疲劳表现及特点[J].邵阳学院学报（社会科学版），2008（8）.

❷ 姚武.大众文化视野中的"审美狂欢"与"审美疲劳"[J].邵阳学院学报，2006（12）.

（三）疲劳累积化

看一次电视能得"电视病"吗？上一次网就会感染"网络成瘾综合征"吗？回答当然是否定的。也就是说，大众文化视野中的疲劳并不是一朝一夕形成的，它是日积月累而来的。因而，大众文化视野中的疲劳具有累积化特征。

"大众文化是一种标准化、公式化、重复和肤浅的文化，它赞美浅薄的、多愁善感的、当下的和虚假的快乐。"因而，在文化由理想化向世俗化转型的当代，承受了太多的历史性的压抑，中国大众便迫不及待地去拥抱"快乐"，全身心地投入大众文化的感性愉悦之中。然而，正是因为大众文化的标准化、公式化、重复和肤浅，疲劳便在大众长期的感性愉悦中不知不觉地累积起来。麦克唐纳认为："（大众文化）这种商品是令人不安和无法预言的现实生活的快乐、悲剧、智慧、变化、原创性和美的替代物。这种东西的接连产生使大众堕落，大众反过来又要求浅薄的、轻松自在的文化产品。"由此可见，大众文化具有两面性：在制造感性狂欢的幻景使大众沉醉带来身心疲劳的同时，它又以贴近生活的快乐、悲剧、智慧、变化、原创性和审美化创造的角色吸引着大众。因而，大众沉浸在大众文化中，便形成"审美—疲劳—审美—疲劳"的循环过程。在这个循环过程中，由"审美"带来大众的"疲劳"，大众为了纾解"疲劳"又复归"审美"，"审美"再导致"疲劳"，大众的身心便在这不断地"累积"中被折腾得疲劳不堪。

二、大众文化视野中：生理疲劳的表现

在大众文化视野中，审美主体（即大众群体）的审美对象主要是影像媒介呈现的消费商品。

消费社会的商品追寻的是直观的快乐，一种欲望的表达。强化的是观赏的效果，已经超越了现有的道德准则。大众为满足自己所谓的审美欲求与文化消费相结合，形成了一股强大的市场需求，生产和消费在这里完成了市场价值规律的经典之例。流行歌曲里的欲望化表达、各种刊

物图文并茂、影视镜头里半裸画面、夹杂着性影射的广告台词以及小说叙事的情爱描写等，这些都对欲望化、狂欢化场景进行了强有力的表达。大众文化视野中的审美遵循欲望化、狂欢化叙事法则，具有感性化特征，这使得审美活动与审美主体的生理性紧密关联。❶因而，大众文化视野中的"审美疲劳"除了表现为大众心理上的厌倦和麻木之外，也表现为视觉、听觉和身体上的生理性疲劳。在审美过程中，心理疲劳不足为怪，毕竟审美作为心理实践活动为人们所熟知。在这里，要着重介绍的是大众文化视野中由审美而产生的生理疲劳。

（一）视觉疲劳

作为大众文化的传播载体，各种影像媒介直接作用于人的视听感官，而作为心灵窗户的眼睛，也是我们感受世界最重要的感觉器官，在日常生活审美化视听氛围中，不断接受新的感官刺激获取狂欢感觉，也会由于不自觉地长久地对大众平面媒体的凝视而造成视觉疲劳。电脑、电视、手机等大众文化传播媒介已经进入寻常百姓家，看电视、上网、看手机已经成为人们日常生活不可分割的一部分，占据着人们日常生活中的大部分休闲时间。当代人似乎已经习惯了"足不出户而知天下事"的生活方式。欧盟的一份调查显示：英国男人有将近一半的空闲时间是在电视机前度过的。而在中国，随着电视等平面媒体进入寻常百姓家，看电视、上网已经成为大众的休闲方式。根据现代医学测算，人类接受外界信息的能力，86%依靠眼睛。"长时间看电视，消耗大量视网膜内视紫质，明显影响视力。此外，眼睛周围的肌肉也可由于长期处在紧张状态而易促发近视等眼病。长时间看电视会引起近视、夜盲症、青光眼甚至造成视网膜萎缩，导致视力明显下降。"❷潘天强先生在《多媒体时代如何对待审美疲劳》一文中描述："现代科学技术带来的视听技术、数码技术、网络技

---

❶ 余开亮.泛审美时代与美学的使命 [J].美与时代，2004（5）.

❷ 姚武.多媒体时代大学生的审美疲劳表现及特点 [J].邵阳学院学报（社会科学版），2008（8）.

术最大限度地满足了人们感官的需求……如今似乎我们眼睛一刻也不能离开那块色彩斑斓的显示屏。上班是电脑，下班是电视，走在路上掏出一个手机上面还是小彩屏。我们的学生还有读不完的书、考不完的试，上班族也要为了生计为了前途而不得不使用这双超负荷的眼球。"❶所以，当我们在日常生活中进行所谓优雅的"审美"时，我们也在不知不觉中损害自己的眼睛，我们的眼睛在承受着"审美"带来的视觉疲劳。

（二）听觉疲劳

人们对大众审美文化的感受，主要通过视听来接收信息，在这个过程中，与眼睛一样，耳朵也承受着繁重的负担。根据现代医学测试，人类接收信息的能力 11% 依靠耳朵来完成，由此可见，耳朵也是人类接受外界信息的主要器官。在大众文化视野中，迪斯科舞厅狂暴的音响、马路上的各种叫卖声以及 MP3 耳塞里动听的音乐等，征服了人类另一个重要的感官：耳朵。根据眼耳鼻喉科医院的医生统计及相关专家介绍，听觉衰弱的青少年人数呈上升趋势。根据对 3800 名学龄青少年的相关调查，有近 500 名青少年耳朵处于疲劳和听觉减弱状态。根据科学家测算统计，人类正常交谈的声音强度约为 60 分贝，人类听觉能承受的最强声音为 90 分贝。然而，有些电视节目的声音强度能够达到 90 分贝，影视歌曲的声音强度更是高达 118 分贝，舞厅、游戏机房的声音强度也已超过 115 分贝。而许多青少年常常被这些声音污染，长时间受到较强声音刺激，导致听力下降、听觉功能受损，重者甚至完全失去听力变聋。刚从舞厅出来许多青少年感到明显的昏眩和头痛，这很大程度上是听觉疲劳的反映。由此可见，在日常生活中我们沉浸在各种媒介呈现的"审美"情境中时，耳朵也不可避免地承受着"审美"带来的听觉疲劳。

（三）身体疲劳

根据生理学阐述，人体细胞缺氧不能及时补充能量，细胞活力缺乏，

---

❶ 潘天强. 多媒体时代如何对待审美疲劳 [N]. 光明日报，2004-04-21.

不能高效率、高质量地生产出维持生命机体的养分，就会感到身体疲劳。人类的身体是一个有机体，机体缺乏养分就会导致代谢减慢，会产生腰酸背痛、头晕倦怠等疲劳症状。长期累积的视觉疲劳和听觉疲劳也会导致身体疲劳。人类的感官神经作为一个物质系统，需要张弛有度地调节，是一个有张有弛的循环系统。在大众审美文化感性化的审美过程中，大众如果过度地放纵自己的感官，感官神经过度兴奋会导致神经紧绷，导致神经损伤及紊乱，从而致使身体疲劳无力。在各种媒介的狂轰滥炸中，人类的感官很容易产生依赖，"电视病""网络成瘾综合征"就是大众文化视野中由于身体疲劳导致的疾病。在日常的审美过程中，要注意防范各种身体疲劳。根据科学研究，每天看电视不要超过 3 小时、上网不要超过 2 小时，否则容易导致身体疾病。在当今，电视病已成为全球性的问题。英国传媒文化研究学者大卫·伯克就认为沉溺于电视节目的人"简直没有真正地生活"。电视机通电后产生的电效应、光刺激、噪声刺激等会造成受众电视病的发生，医学界已经发现并统计出的电视病有 50 多种，大多数表现为身体疲劳的症状。当然，随着互联网的普及以及网民数量的增加，"网络成瘾综合征"也越来越引起科学家和学者的关注。人们由于沉迷于网络而引发的各种生理心理障碍可以统称为网络成瘾综合征。这是由于科学技术的发展特别是互联网技术的发展及其应用的普及而导致的疾病之一，目前世界上很多国家的科学家和文化研究学者正在对它展开研究和探索。有专家指出，上网成瘾后果像烟瘾甚至毒瘾一样非常严重。长时间上网不但让人的眼睛受不了，造成极大伤害，还扰乱了人的正常的生活规律，人体生物钟被打乱，吃饭、睡觉的时间没有规律，长此以往，还会导致内分泌失调，引发一系列疾病甚至会导致人的死亡，网吧里出现的青少年猝死大都就是由于网瘾导致的。❶

---

❶ 姚武.多媒体时代大学生的审美疲劳表现及特点 [J].邵阳学院学报（社会科学版），2008（8）.

第四节 "审美疲劳"的内涵

一、"审美疲劳"的语义

通过查询《现代汉语规范词典》，从语义上来理解审美疲劳，解释是这样的："审美"是指"欣赏鉴别事物或艺术品的美并做出评价"；"疲劳"："一、疲乏劳累；二、材料或物体因受力过久而减退或失去正常的作用"。把"审美"和"疲劳"进行创造性的结合，便组成了一个内涵丰富的词："审美疲劳"。根据"审美"与"疲劳"的语义，"审美疲劳"可以理解为："审美主体在欣赏鉴别事物或艺术品的美并做出评价时感觉疲乏劳累或者对审美对象的兴奋减退。"●当然，这是我们通常对"审美疲劳"语义的理解，在这里我们把"审美疲劳"看作是以"疲劳"为中心词的偏正词组，可以理解为"在审美过程中产生的疲劳，是一种静态的身心疲劳"。此外，我们还可以把"审美疲劳"看作一个动词性的并列词组来解读，该用语便意味着一个从"审美"到"疲劳"的心理活动过程。从这个层面来理解"审美"与"疲劳"的语义结合，"审美疲劳"便表示：审美主体一方面有欣赏鉴别事物或艺术品的美并做出评价的心理欲求；另一方面又在欣赏鉴别事物或艺术品的美并做出评价时感觉疲乏劳累或者对审美对象的兴奋减退从而厌弃审美的欲求。也就是说，在这个由"审美"到"疲劳"的过程中包含着"审美欲求"与"厌弃审美欲求"的心理矛盾冲突。所以，"审美疲劳"既是一种表现为厌弃麻木情绪的心理态度，也是一种交织着审美与反审美冲突的心理过程●。

● 姚武.大众文化视野中"审美疲劳"的由来及其内涵 [J].现代语文，2005（12）.

❷ 姚武.多媒体时代大学生的审美疲劳表现及特点 [J].《邵阳学院学报（社会科学版）》.2008:08

二、大众文化视野中"审美疲劳"的内涵

大众文化是以影像媒介为手段、按商品规律运作、旨在使普通市民获得日常感性愉悦的日常文化形态。在大众文化视野中,"审美疲劳"的内涵已经超出了美学范畴。大众文化在某种意义上是审美文化,在审美文化的视野中,"审美"便获得了文化学的内涵。根据大众文化是一种诉诸感官追求感性愉悦甚至狂欢的文化,那么,"审美"便是大众通过影像媒介获得感性愉悦过程中的评价和创造性活动,并且还暗含着大众把持着强烈的感性狂欢的欲求,"审美"本身具有"狂欢化"品格。而"疲劳"自然就成为感性愉悦之后的心理疲乏兴趣减退,又由于审美诉诸感官追求感性愉悦,疲劳还体现为诸如视觉疲劳、听觉疲劳等生理性疲劳。此外"审美疲劳"还体现为一种交织着矛盾冲突的心理活动。该用语暗含着一个从"审美"到"疲劳"的心理活动过程。大众文化视野中"审美"本身就意味着"愉悦""快乐"甚至"狂欢",且"疲劳"的含义已经不单纯是心理上的"厌倦"和"麻木",还包括身体上的疲劳。因而,从"审美"到"疲劳"的心理过程也就是从"愉悦""快乐"甚至"狂欢"到"厌倦"和"麻木"的心理过程,这是一个由感性到排斥感性的冲突化的心理过程。

因而,与美学范畴中的"审美疲劳"含义相比较,大众文化视野中的"审美疲劳"含义具有以下新的特征:第一,审美主体由文艺的欣赏者和研究者扩展为进行文化消费的大众;第二,审美的对象由文艺转变为消费文化;第三,疲劳由心理疲劳转化为身心疲劳;第四,审美疲劳既表达一种心理体验状态又体现为一种交织着矛盾冲突的心理活动。这种心理矛盾冲突的心理机制内在或外在地表现在:首先,人性中合理的感性欲求与人性中规范的社会性要求(道德规范、宗教秩序等)之间产生的矛盾;其次,泛审美与纯审美之间的对立;再次,大众文化感性狂欢和主流文化的理性诉求之间的冲突。在大众文化视野中,随着审美主体审美对象的变化以及疲劳含义的扩展,审美疲劳的含义也有了新的扩

展。大众文化视野中的"审美疲劳"是指：一是大众在文化消费获取感性愉悦的过程中的身心疲劳和兴趣减退状态；二是寻求审美感性愉悦及抵制审美感性愉悦的冲突化的心理过程。

第二章 大众文化视野中：媒介变革与审美文化发展

第一节　新媒体影响审美文化的发展

在媒介变革中，数字媒介脱颖而出，成为当代最具影响力的新媒介●。加拿大传播学家罗伯特·洛根在他的新作《理解新媒介——延伸麦克卢汉》中，大量的表述都将新媒介与数字媒介当作同一个概念使用，他在书中说道："今天的'新媒介'新在哪里？它们是数字媒介，纵横相连，数字媒介所介入的信息很容易处理、储存、检索和超级链接，其中最鲜明的特征是容易搜索与获取。这就是为什么我相信，麦克卢汉的研究成果值得更新、需要更新。"数字媒介通过技术和工具层面，不断衍生出其自身含义，逐渐形成了当前流行的社会文化和审美范式。因而，研究数字媒介的成因、特点和变革趋势，对于研究大众文化视野中的审美文化发展具有重要的探索价值和现实意义。

一、媒介的嬗变

（一）媒介的构成

"媒"字在我国源于先秦时期，是指介绍男女婚配的媒人，后来引申为让事物发生的诱因，"介"是指介质。"媒介"一词最早见于《旧唐书·张行成传》中，书中说"观古今用人，必因媒介"，这里的"媒介"指的是使双方发生关系的人或事物；"媒介"在《辞海》中亦被定义为"使双方发生关系的人或事物"。当然，这是一个十分宽泛的理解。物理学上的"媒介"是指"介质"，比如水是导电的媒介；"媒介"的生物学意义为"载体"，如空气是传播疾病的媒介；在文化层面上"媒介"体现出一种无形的纽带关系，比如瓷器、丝绸等是将中华文明传播到西

● 李益，马跃，夏光富．数字媒介特征与变革趋势探析 [J]．重庆邮电大学学报（社会科学版），2012（3）．

方的媒介；在信息传播领域，"媒介"是指用媒质存储和传播信息的物理工具和设备，比如说电子光盘、书刊、唱片、录影带等。一般来说，在没有特别说明的情况下，媒介既可以是语言、文字、声音、图画、影像等符号信息，也可以是承载这些信息的介质——技术或物质等。

在当代大众文化语境中，媒介一般来说是指传播媒介，即介于传播者与受众之间的用以负载、传递、延伸特定符号和信息的物质实体，包括书籍、报纸、杂志、广播、电视、电影、网络等及其生产、传播机构。"它们都是向大众传播信息或影响大众意见的大众传播工具，都是传播信息的媒介。当代媒介主要是由"信息""符号"和"物质实体"三部分所构成的。这三者相互依存，信息表达交流与传播的思想内容，符号则是表达信息的外在形式，而物质实体就是符号得以依附的平台。物质实体是传播媒介存在的首要因素，没有具体而实在的物质实体，无论多么精美的内容也无所依附、无法传播。谈话交流，话语出口如风，过耳不留不便保存，也难以证信，于是，便于储存、作为证信的媒介就应运而生。

物质实体是构成传播媒介的第一要素，上古结绳记事开始，《易经》中所说的"上古结绳而治，后世圣人易之以书契"。从两根等长的绳子上打相同的结到在两块合拢的木片上刻画特定记号，再到文字的发明，物质实体是传播媒介的前提条件。中国有着悠久的书写历史，当然书写媒介也先后经历了泥土—石头—树皮—树叶—龟甲—骨头—羊皮—木竹—布帛—青铜器—纸张等发展阶段。如果没有这些物质实体媒介，符号就无处承载，信息也就不能永久存储和广泛传播。因而，墨子认为，符号和媒介的产生，是"恐后世子孙不能知也，故书之竹帛，传遗后世子孙；咸恐其腐蠹绝灭，后世子孙不得而记，故琢之盘盂，镂之金石，以重之"。物质实体媒介实现了古代圣贤"立言"的不朽。

符号是构成传播媒介的第二要素。如果物质实体上没有符号，那就很难成为传播媒介，那它可能就与普通的随处可见的石头、木板、金属、砖块、骨头等一样，不是传播媒介。符号是表达信息的外在形式，只有在物质实体上刻画、负载上特定的文字、图像、声音等人类能够识别、译读的符号，物质实体才能成为媒介。古代绳子上表示特定事件的"结"、木板上刻的表示特殊含义的"契"、树皮或羊皮等东西上面写上传递一定信息的文字，这些都是符号，有了这些符号，绳子、木板、树皮和羊皮等才能够称为传播媒介。可见，在媒介构成中，符号与物质实体是相互依存的。正如施拉姆所说的"传播过程在某种意义上是符号的相互交流与解读"。传播过程中是否负载了符号，是传播媒介区别于其他普通的物质实体的重要标志，因而，在传播过程中，符号也是构成传播媒介的重要因素。

信息也是传播媒介的必要因素。因为传播信息是传播媒介的基本功能和唯一使命，任何有序的完整的符号都蕴含着特定的信息；同时，信息也是传播者与受传者发生关系、形成互动的理由和前提。

总而言之，物体、符号、信息是构成传播媒介的核心要素，它们三者相辅相成，缺一不可。构成传播媒介尤其是现代传播媒介的基本形式就是将符号转移、负载、录制到物质实体上的技术，将信息载体加工、转变为便于使用和接收的技术等。

（二）媒介变革与数字媒介等新媒介

事物总是伴随着时代的变化而发展变革，同样，媒介变革也是时代发展的产物，媒介随着时代的发展不断发展和变化。媒介的变革预示着媒介与社会、个人之间的相互关系的变化。媒介变革的本质，就是几种强大的信息技术把各种媒介推向融合，又由融合裂变出多种新媒介。什么是"媒介融合"？美国马萨诸塞州理工大学教授浦尔（I. Pool）认为"媒介融合"（convergence of media）就是各种媒介呈现出一体化多功能的发展趋势。从根本上讲，融合需要不同技术的结合，即是两种或更多种技术融合后形成的某种新传播技术，由融合产生的新传播技术和新媒介的功能大于原先各部分的总和 ❶。

---

❶ 崔保国. 媒介变革的冲击 [J]. 新闻与传播研究，1999（12）.

在现实生活中，媒介往往表现为"传统媒介"和"新媒介"两部分。曾在人类历史上流行的、在较长时期通用的媒介形态被称为传统媒介，比如纸质媒介，有近 2000 年的历史。新媒介是当前时代萌生并逐渐发展起来的各种新兴媒介形态的总称。新媒体的形成往往以受众群体的壮大为标志，当一种新出现的信息载体得到受众达到一定数量的受众追捧时，这种信息载体便可以称为"新媒介"。例如，在信息时代，网络、移动通信等就是新媒介，新媒介是传统媒介随着时代发展的产物，也是新技术新材料产生和发展的结果。但是一种新媒介不会轻易完全取代另一种媒介，在一定时期内将与旧媒介一起构成一种复合的媒介环境，这样，媒介环境就变得多样化、多媒介化、多频道化。我国学者吴信训指出"新媒介正是为了满足需求个别化、多样化是现代化社会需求且丰富人们的选择余地，并不是淘汰以往的媒介，而是开拓新的需要"❶。现代社会的信息技术已成为一种最富活力的变革因素，催生了新媒介，改造着旧媒介，改变了媒介的结构形式和表现形态。被誉为"第四媒介"的互联网捷足先登，新闻网站像雨后春笋般涌现；移动通信紧随其后，不甘落伍。❷"新媒介"作为传播领域的新成员，是与报纸、广播、电视等传统媒介相对而言的。新媒介所表现的传媒领域的新成果和新变化将人类的信息传播手段和传播能力推向新的高度。当代新媒介是一个复合型的媒介体系，涵盖了包括从书籍、报章杂志、广告、招贴、广播电视、通信、计算机、网络等一切可视、可听的载体，从平面到立体，从静态到动态，构成了一个视听兼容、平立同构、动静结合的完整的体系。

当前，随着数字技术的发展，数字媒介成为当代新媒介的主体。当代新媒介是以数字媒介为代表的媒介形态。数字媒介是以数字化的形式存在的存储、处理和传播信息的媒介。数字媒介传播方式主导多人互动沟通的模式，传播者和接收者之间的信息传递是双向的、互动的、非线

---

❶ 崔保国 . 媒介变革的冲击 [J]. 新闻与传播研究，1999（12）.

❷ 李益，夏光富 . 现代传媒美学的形成与发展 [J]. 新闻界，2009（12）.

性的、多元化的、多途径的过程。在当今时代，数字媒介就是新媒介，新媒介也主要指的是数字媒介。正如罗伯特·洛根所说："我们所谓的'新媒介'是这样的一些数字媒介：它们是互动媒介，含双向传播，涉及计算。"随着时代的发展和科技的进步，随着媒介进一步变革发展，媒介的竞争与融合、裂变与派生不断加剧，会有更新的媒介形态出现，到那时，新媒介就不一定是指数字媒介了。

（三）媒介变革中的审美探索

媒介数字化是信息时代极具变革意义的媒介革命，在这场革命中应运而生的数字媒介引领着时代潮流，已经或正在改变着人们的生活、工作状况和心理面貌。❶那么怎样做到新媒体为大众所喜闻乐见，媒介也成为审美对象，具有审美特征。一把最平常不过的扇子，原本就是简单的消暑工具，算不上媒介。但是当在这把扇子上加上广告的内容，将相关信息载于其中并交流、传播开去，它就成为"媒介"了。如图2-1所示的扇子造型，图文并茂，色彩鲜明而协调，耐看、受看且易于接受，能激发人们了解的欲望，给人以和谐感、优美感、信任感和亲近感，这样，它就不仅具有了媒介特性，而且具有了审美特性。

图 2-1 作为媒介的扇子

---

❶ 李益，马跃，夏光富．数字媒介特征与变革趋势探析［J］．重庆邮电大学学报（社会科学版），2012（5）．

在古代，人们或许不会去计较"结绳记事"中的"绳结"是否漂亮，但是随着当代审美文化的发展，审美无处不在。随着相关科学技术的发展，要做到媒介与审美相容相通并不困难，更何况这两者有着显著的相容性，美的形式承载有用的信息，为人们所乐见。现代传播通过影像媒介要追求传播效果的最大化，有效地宣传、传达、告知、展示、交流相关信息等，就必然追求通过媒介表现出来的易接受性和艺术性，媒介的美的形式变得尤为重要。媒介及其传播的美是媒介及现代传播形态及其表现形式的美，它主要通过信息传播的视听效果形象地呈现给受众，以唤起受众的审美体验。

首先，媒介及传播的美表现在传播活动的美，现代传播的目的就在于更好地宣传、传达、展示、交流，媒介审美渗透在传播媒介载体的方方面面，也融合在传播活动的整个过程中，是在信息传播过程中表现出来的美。比如传播活动中的大篷车、华丽舞台、梦幻灯光、优美且独特造型等，此类例子数不胜数。

其次，媒介及传播的美又体现在创意性方面。有效的传播表现源于独特的创意灵感，通过有创意的传媒设计能够唤起受众的兴趣与共鸣，产生强烈的艺术感染力和心理震撼力，更好地实现传播价值和审美价值。

最后，媒介及传播的美还具有表现的情趣性。情趣性可以增强媒介及传播的视听效果，能够通过有情趣的形象感染受众。要提高传播媒介的情趣性，必须尽量将善意的人文关怀、独到的审美语境、和谐的形式创造、生动的表意智慧熔于一炉，形成独特的媒介传播审美风格。

人类在媒介变革中不断地接触、认识、感受媒介的新形态和新文化，也不断地接触、认识、感受新媒介审美的新特性。"从审美和艺术的新现实、新实践来看，审美—艺术的新媒介是与审美—艺术的新现象、新形式密切联系着的。媒介不但是信息，媒介还是文化，媒介也是生活"。❶人们在运用以数字媒介为典型代表的新媒介进行交流与传播的

---

❶ 李益,马跃,夏光富.新媒介审美特性探究[J].南通大学学报（社会科学版），2013（5）.

同时，不断地追求效果的最大化和艺术化，力求富有感官效果地、保持心情愉悦地交流与传播，从而产生独特意义和风格的审美文化。随着媒介变革及新媒介的产生与发展，媒介、审美与人类日常生活在不断地交融互渗中催生出新的审美方式。

二、媒介变革的诱因与动力

与其他任何一种社会变革一样，媒介变革不是凭空产生的，具有产生和发展的诱因、缘由及动力，也是社会发展的必然结果。

（一）媒介变革的诱因

媒介的每一次变革总是伴随着人类社会政治、经济及文化生活的客观需要而产生的，并且极大地推动着人类自身的进步。人类文明史既是由必然王国走向自由王国的历史，同时又是不断发明、完善、利用传播媒介的历史。"任何媒体和传播技术的发明、发展都是社会发展的需要，而任何社会关系的变动归根结底都是人类需求的变化。社会关系的变革和创新是媒介发展的根本动力。社会关系对媒介发展的促进作用是人类的根本需求对生产力发展的推动，也是生产关系对生产力的推动。每一种新媒体的诞生，都是因为现有的媒体不能满足人的某种传播需求而产生的。"●

人类交流和传送信息的历史大发展案例不用追溯到遥远的古代，在20世纪90年代的中国城乡，固定电话尚没有进入寻常百姓家，那个时候家里有电话就被看作是很殷实的家庭了。但是人们交流信息的需要强烈地刺激着科技的发展，电话在短短的几年时间里便迅速普及，同时，人们对于移动式、便携化通信的需要，促成了手机的大发展。最初的手机为模拟机，属于第一代移动通信技术。电话号码以"9"字开头，通过模拟网传播信息。与数字移动通信相比较，模拟移动通信的保密性较

● 李益，马跃，夏光富.数字媒介特征与变革趋势探析 [J].重庆邮电大学学报（社会科学版），2012（5）.

差，容易被并机盗打；而且只能实现话音业务，不能提供丰富多彩的增值业务；网络覆盖范围小且漫游功能差；模拟手机显得笨重，不仅体积大、重量沉，而且样式普通、陈旧。中国移动通信集团公司于2001年12月31日后关闭模拟移动电话网，停止经营模拟移动电话业务。现在我国广泛使用的GSM技术采用窄带的时分多址（TDMA）。现在的手机已经发展到4G时代，4G时代的手机集语音通信和多媒体通信于一体，包括图像、音乐、网页浏览、电话会议以及其他一些信息服务等增值服务。这个集成许多功能的终端使我们不仅可以随时随地通信，还可以下载传递资料、图画、影像等，还可以通过网上联线打游戏。4G手机除了能高质量地完成目前手机所做的语音通信外，还能进行多媒体通信。用户可以在4G手机的触摸显示屏上直接写字、绘图，并将其传送给另一台手机，很多功能相当于一台微电脑。有些4G手机自带摄像头，用户利用手机可以进行电脑会议，手机相对于数码相机更为轻巧灵便，它的拍摄功能甚至让数码相机变得多余。手机发展到一定阶段也许可能就不再是纯粹的手机了，可以预见在不远的将来，像眼镜、手表、化妆盒、旅游鞋等，任何一件人们能看到的物品都有可能成为4G通信终端（见图2-2）。目前，更为高端的5G通信正在开发阶段。

图2-2　概念手机

人类交流信息的需要促进手机发展还体现在手机的软件领域。人们通过数据线、红外适配器或蓝牙适配器等通信装置，在电脑上轻松管理手机短信、名片（电话本、联系人）、图片、铃声、文件；与手机同步名片等资料。采用基于插件的软件架构，将手机之间的差异屏蔽在插件内部，可以用一套软件提供对各种厂商、各种型号、各种制式（GSM/CDMA 等）手机的支持。用户可以通过电脑快速输入名片；可以将存储在 Outlook 的名片拷贝到手机；利用 MobTime 软件支持众多手机的特点，甚至可以在不同的手机间复制名片。可以将名片备份到电脑，可以与Outlook 同步名片，保持数据一致。

"以人为中心的、体现人的生活、世界的主体性特征和人性化特征的媒介，才是人所真正需要的媒介。"马歇尔·麦克卢汉认为："任何媒介（亦即人的任何延伸）对个人和社会产生的影响，都是由新的尺度引起的；我们的任何一种延伸（或曰一种新的技术），都要在我们的事务中引进一种新的尺度。"❶

（二）媒介变革的驱动力量

在人类社会发展的进程中，随着社会、经济与科学技术的发展进步，媒介形态也在不断地发展，并适应时代的要求产生变革。"媒介变革的历史表明，技术创新是媒介变革的根本动力……媒介变革不是凭空发生的，技术创新既是媒介变革的推动力，也是媒介变革的重要标志。"❷媒介的每一次革命性的变革，无不打上科技发展进步的烙印。据中国科学院信息领域战略研究组的专家们预测，21 世纪上半叶将兴起一场信息科学革命；而且，以网络科学、智能科学、计算思维等为特征的信息科学的突破也可能引发 21 世纪下半叶新的信息技术革命。

现代信息科学革命必将推动媒介变革及其发展。"现代科学技术的发展是现代媒介的发展与变革的坚实基础。现代传播媒介的诞生、发展都伴随着科技的每一次革命而发生新的变革。当前，互联网、广播、电

---

❶ 李益，马跃，夏光富.数字媒介特征与变革趋势探析 [J].重庆邮电大学学报（社会科学版），2012（3）.

❷ 同上

视、数据库、短信等电子媒体发展都建立在数字技术基础上，随着数字技术的日趋成熟，传统报刊等平面媒体在出版过程中，也将实现数字化。新技术、新产品的不断推出在客观上为媒介融合提供了无限的可能。各种新技术和信息技术革命的发展过程中，传统媒介发生变革、新旧媒体的融合不断强化成为必然趋势。"❶

罗杰·菲得勒指出："以电为核心的科学技术，应用于传播和数字语言，远远不只是提供了解决信息储存的办法。在不到两个世纪里，它们极大地促进了人类传播系统的高速转型与扩张，这在人类历史上是史无前例的。可以说，在较为短暂的时期内，以电子技术更新作为强大催化剂的第三次媒介形态变化，已经给几乎每个人、社会和文化带来了深刻影响。"❷

三、数字化媒介的基本特征

当前，数字化媒介引领信息时代新潮流。在信息化时代，媒介数字化是最具有变革意义的媒介革命，人们的工作与生活状况乃至心理面貌都因此而发生变化。我们可以从数字媒介的核心形态、延伸形态、表征形态等方面来认识数字媒介的基本特征。

（一）数字媒介的核心形态

数字媒介的核心形态表现为智能化，媒介的数字化与媒介的智能化导读关联，能够更好地实现"人的延伸"，真正让媒介帮助人类解决许多问题。有专家预言，不久的将来互联网搜索会理解人类的情感，"互联网搜索技术不断进步，但当前仍无法理解网页的语义内容，让搜索引擎读懂人类的情感不仅涉及逻辑智力，还需考虑情绪智力，这是谷歌目前正在着力解决的问题。随着技术的不断进步，到 2029 年，电脑与人脑之间的差距有望大大缩小"。现代科学技术的发展不断地推动媒介形

---

❶ 王潇蔚. 媒介融合：传媒业发展的必然趋势 [J]. 当代传播，2009（3）.

❷ 林翔. 新媒介经济发展逻辑的理论破题：平台概念和运作分析框架 [J]. 新闻界，2014（9）.

态产生快速变革，随着现代媒介科技含量及复杂程度日益提升，智能化已经快速地融入人们的工作和日常生活中，不仅在社会各行各业而且在大众生活中扮演着非常重要的角色（见图2-3）。

图2-3　人工智能

在大众的生活中，智能手机是媒介智能化的典型代表。它具有较高性能的芯片技术和较方便的操作系统，通过安装相关的应用程序，拓展其延展其功能，可以满足使用者的多方面需要。智能手机不仅具备普通手机的通信功能，还具备无线接入互联网的能力，通过无线 Wi-Fi 信号上网，可以浏览网页、查询资料、在线游戏娱乐等；此外，它还具备个人信息管理、日程记事、影视观赏、任务安排与提醒、多媒体应用等功能。当前，人们生活的城市也在逐渐走向智能化，从家庭到商店再到工厂企业，智能化程度越来越高。网络城市、数字化城市、信息城市成为城市的新形态。"城市的智能化趋势正在对城市空间与媒介形态产生深刻而长远的影响"，人们对于建立智能城市的期待，将通过网络城市、手机城市、流城市（构想的一种城市模型：城市空间向多维度延伸与拓展，实体城市、虚拟城市以及二者深度融合的共生体并存）一步一步地变为现实。随着技术的进步，对媒介功能加以选择、判断、处理，实现自动控制，媒介的智能化发展必将为建设智能社会贡献更大力量。此外，农村的信息化工程也在不断建设和发展中。生活在一个以数字化媒体为核心的智能网络中将逐步成为人们的生活常态。生活——网，不仅是人们生活的哲理形态，也是一种现实形态。

（二）数字媒介的延伸形态

当今全球化时代，数字媒介已经成为主导。电脑与互联网的普及给人们在技术的视野下看世界的方式。

以计算机、多媒体及通信技术为系统支撑和基础平台的网络已经深刻地融入到人们的生活和工作中。根据中国互联网信息中心发布的相关统计报告，截至 2017 年上半年，互联网普及率达到 54.3%，比 2016 年年底提升 1.1%；比 2016 年年底新增网民近 2000 万人，网民规模达到 7.5 亿，近半年时间增长率为 2.7%。互联网技术通过与经济社会各领域的深度融合，成为促进社会发展的重要推动力，促进消费升级、经济社会转型，成为构建国家竞争新优势的重要力量。随着智能手机的普及，截至 2017 年 6 月，我国手机网民数量已经达到 7.24 亿，较 2016 年年底增加 3.89%。在日常生活中，手机上网比例持续提升，绝大部分网民使用手机上网。2017 年上半年，应用手机上网的用户数量不断上升，其比例由 2016 年年底的 95.1% 提升至 96.3%，应用场景也更加多样化，查阅资料、娱乐、学习等。根据各种外卖软件的应用拓展，利用手机外卖应用软件的用户规模达到近 3 亿，比 2016 年增长 40% 多；不管是在线上还是线下交易，人们已经习惯了手机支付，移动支付用户规模达到 5 亿左右，其中有 4.6 亿网民在线下消费时使用手机支付。

手机等信息沟通媒介的网络化，使得人们能够轻易地跨越时空界域，真正进入"全球化""地球村"的时空语境中。在世界的任意角落，只要有网络信号覆盖，进行同步视听、实时交流是轻而易举的事情。网络融合了多种媒介的功能，极大地发挥了各类媒介的综合作用，方便了人们的工作和生活。

近年来，互联网、广播电视网、通信网呈现深度融汇态势，智能电视、网络电视、IPTV 等进入千家万户，一个网络 ID 便解决了用户的通信、看电视、上网等问题。2013年7月12日，李克强总理主持召开国务院常务会议，研究多方面推动信息消费，"全面推进三网融合，年内向全国推广"。根据网络技术发展的便捷化、集成化要求，三网融合是媒介网络化发展的必然趋势。快速发展和日益完善的网络技术深刻地影响着人们的生存方式和生活空间，也使得艺术与审美范式突破了现实世界的时空概念。传播媒介的网络化，网络技术与人类艺术在新的平台得以高度融合与渗透，网络世界与日常审美结下不解之缘。媒介网络化在全球化和泛时空视域，不断地促进、延展其功能，呈现出新的审美时空和意境。网络在提供广阔的公共空间的同时也为人们提供私人空间，这也让以情感化、私人化为核心特征的审美在网络时空中呈现成为现实。网络私人化空间特别是自媒体空间，为人们提供了较为自由的审美创造和鉴赏的时空。"自媒体"这一概念来源于美国新闻学会媒体中心于2003年7月发布的由谢因波曼与克里斯威理斯两位联合提出的"We Media(自媒体)"研究报告，现在一般指的是"公民媒体"或"个人媒体"，是指私人化、平民化、普泛化、自主化的传播者，以现代化、电子化的手段，向不特定的大多数或者特定的单个人传递规范性及非规范性信息的新媒体的总称。自媒体平台包括：博客、微博、微信、百度官方贴吧、论坛/BBS等网络社区。(见图2-4)

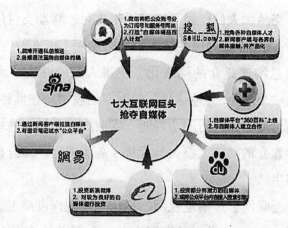

图2-4 自媒体网络

（三）数字媒介的表征形态：多媒体化

数字媒介的表征形态集中表现为多媒体化，媒介的多媒体化促进了审美形态和种类的变革，新型视觉艺术的发展就是典型例子。视觉艺术是用一定的物质材料，塑造直观形象的艺术，包括绘画、雕塑、建筑艺术、实用装饰艺术和工艺品等。视觉艺术是一种感受的方式，它也就是造型艺术。相比传统视觉艺术（造型艺术），新型视觉艺术借助计算机技术和多媒体应用，造型与展示能力得以大大拓展和丰富。新型视觉艺术不仅传承传统视觉艺术对空间的延续，而且把影像艺术中运动与声音等多种传播媒介融入其中，作用于人的听觉和视觉，强化艺术作品的时间存在，在审美感知上，增加了听觉感知与时间流动等新的审美维度，让鉴赏者对艺术作品的时空感知更加具体且深刻。新型视觉艺术作为现代一种交融性的综合艺术，是对多种艺术媒介的综合运用。媒介符号的多样化，把造型艺术中最基本的六个元素——人、光、声、色、景、物有机地结合，兼容音乐、舞蹈、戏剧、文学、绘画、摄影等艺术形态，寄寓创造者的思想情感，成为新型视觉艺术作品。可以说，由多媒体技术造就的新型视觉艺术几乎消弭了各艺术门类之间的界限，也使得艺术的传播及时空存在发生了质的变化，可以是数字化的虚拟存在，甚至可以通过 3D 打印技术和新材料的应用实现实体化的呈现。在数字媒介为核心的多媒体语境中，新型视觉艺术超越了传统艺术形态发生了质的变化，拓展和颠覆了传统艺术的表现形式。一方面，媒介多媒体化使创作者的个性化因素降低，使艺术同质化倾向加重，同时推进了艺术大众化的进程；另一方面，使得艺术的学习、参考、借鉴、复制、收藏变得十分容易，大大延展了其交流和传播的深度与广度。

总之，多媒体化使艺术表现形式丰富多样，也使得艺术作品表现效果直观、形象、生动，其表现过程也融入了交互与互动形式，给受众以多重感官刺激和多重审美体验，多媒体化很好地满足了人们的交互传播需要和日益提高的视听审美需求。

四、媒介变革的发展趋势

当代媒介的变革非常迅捷，给人以目不暇接的感觉，通过分析考察当代媒介的发展特点，我们仍能把握其发展变革的大致趋势。

（一）数字化仍是未来媒介的发展趋势

随着时代的进步科学技术的发展，媒介数字化将进一步加速推进。不管是在通信领域还是在大众传播领域内，数字制式的传播手段将全面替代传统模拟制式的传播手段，数字化智能化媒介将进一步融入人类生活的方方面面。

数字技术无疑已经成为当代各类媒介的核心技术，数字化应用于各类影像媒介中，由于数字技术发展变革迅速，应用数字技术的各类新媒介及新技术手段持续创新，人类的交流方式不断发展变化。基于数字化技术开放、兼容、共享的本质特点，当代传播格局和新媒介会随着数字技术的发展进程持续地发生重大变革。

随着数字化技术在当代媒介应用中的融入，信息处理的各个环节都会渗透数字化技术，不管是信息的加工处理，还是传输、储存、呈现等诸多环节中，数字化技术都会给当代媒介带来诸多创新与变革。比如持续发展的报纸类媒介，在文字输入、图文排版和数字印刷等信息的加工处理环节上，早就利用数字化图文处理技术来进行；而在信息的传输环节上，基于数字化技术远程校对、远程传输、远程审核给人们带来了极大的便利；在信息的储存环节，利用数字化存档、复制技术可以实现信息长时间保存；在信息呈现环节，数字化显示、播放则吸引了众多数字化媒介终端使用者，报纸的纸质版与数字版并存成为常态，便于受众的搜索需求。由此可以看出，即便是当代的纸质媒介，数字化技术手段已经渗透在其信息处理的各个环节中（见图2-5）。可以预见，未来社会的媒介变革，数字化技术必将进一步渗透在其中。

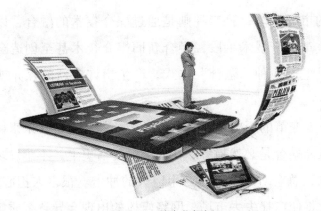

图 2-5　数字化报纸

（二）媒介会随着时代的发展中加速竞争与融合

媒介在自身的发展过程中充满了激烈的竞争，随着时代特别是数字技术的发展，媒介的竞争会进一步加剧。广播、电视、报纸、杂志、网络媒体、比赛场、户外、短信、名人、车体、楼宇、电子邮件……媒体类型从来没有像现在这样丰富多彩，异质媒体之间的竞争也从来没有像现在这样激烈残酷。由于数字技术开放、兼容、共享的本质特点，人们对于数字化生活的便捷需求以及媒介可持续发展的内在要求，各种媒介之间激烈的竞争格局势必会走向融合化的新趋势。

"媒介融合将打破媒体之间的限制，整合现有的各类媒介，进行统一规划与协调，实现资源共享……媒介融合意味着我们将摒弃单一的传播形态，利用多媒体技术将文字、声音、图片、影像和动画等集于一体，在视觉传达上打造丰富多样、形象生动的信息产品。媒介融合把我们带进一个'内容为王'的时代，我们可以更多更方便地根据信息内容传播的需要来选择和决定使用什么样的媒介。"❶媒介融合中的"融合"类似于动植物的"杂交"或"嫁接"。媒介融合基本上通过"实体融合""技术融合"两种方式来实现，第一种是在传媒业内通过跨领域的整合并购组建大型的跨媒介传媒集团，夯实核心竞争力以

❶ 李益，夏光富.新媒介审美特性探究 [J].南通大学学报（社会科学版），2013（5）.

应对激烈的市场竞争；第二种则是通过媒介技术的融合，以数字化技术为核心改革媒介技术手段，融合新旧媒介技术甚至创造全新的媒介形态。通过上述两种"融合"方式，产生出许多新的媒介或媒介新的表现形式。

媒介发展变革的历史本身就是不断融合的历史，在未来媒介的发展过程中，媒介融合是必然趋势。在人类的传播史上，不难发现，新媒介在产生之初，总会对原有媒介产生巨大的冲击。很多人担心或者预言：电视的产生将使广播失去市场，网络媒体的出现会导致纸质媒体走向灭亡等。然而，事实证明，旧媒体即便受到新媒体的强大冲击，但是经过一段时期的竞争和整合，会主动适应和变革，保留自己传统优势的同时融入新技术以适应新时代的发展，并且和新媒体达到一种平衡。举个例子来说，今天广播依然存在，它在与电视竞争的过程中，找到了自己的生存空间。而网络媒体的发展也给传统媒体提供了很多的素材和手段，网络媒体不但成了传统媒体的重要信息来源，也为传统媒体提供了另一个应用空间——网络广播、网络电视也应运而生。由于媒介发展过程中的不断融合，人类传播活动发展到今天，就形成了多种传播媒介共存、多种传播方式并行、传播技术日益发展的繁荣局面。

每一种传播媒介或技术都有它自身的特点和优势，我们要发现并不是每一种媒介单独发挥它的社会功用，随着技术越来越发达，人们对信息的需求越来越多样化，媒介的相互影响和融合只会越来越深入和普遍。媒介会在相互的竞争与融合中相互促进和发展。总体来说，媒介尤其是新媒介不仅互相竞争，而且主要是互相受益。媒介技术的融合诸如图文融合、影像声音的融合，产生了电影、电视、广告、动画等新的媒介形态和艺术形式，成为我们生活中不可或缺的传媒产品。媒介实体的融合诸如书刊报纸等纸质媒介与网络、电视、手机等电子媒介相互融合与渗透形成报纸网络版、电视读报、手机报等新形式，充分表现出媒介的多质性特征。

（三）媒介会在发展中不断地裂变与派生

未来信息科学技术的发展必将快速推动媒介的变革，不断裂变和派生出新的媒介。

21世纪的两大朝阳产业是信息技术产业和文化产业。可以预见，随着以数字技术为核心的信息技术的发展，在未来几十年内，信息技术将在人类社会发展进程中进一步扩大其影响力和渗透力，甚至颠覆性地改变人类的经济增长方式与生活方式。这对人类的生活和工作也将产生深远影响，不管是学习娱乐还是政府企业管理和文化传播等许多方面都会通过信息技术来实现其便捷化。随着计算机与通信网络在速度、容量、带宽、方便性、可靠性、安全性等方面不断取得新的进展，当代信息技术将进一步深入到人类社会的各个方面。媒介通过数字化和融合化产生出新的媒介形态，诸如数字版报纸、数字电视、数字电影、虚拟影像（见图2-6）、仿真场景、3D动画等（见图2-7）。新媒介与传统媒介既相互区别，又相互交融，新媒介之间也会相互包蕴与渗透，一切媒介，无论新旧，实际上都是"媒介套媒介"（media within media）。因为任何媒介都有由新变旧的过程，我们理解的新媒介只是一个相对的概念。我们通常所说的新媒介（New Media）是一个随着时代发展而不断发展变化的概念，其内涵会随着新技术的发展和不断变化。事实上没有任何一种媒介能够被永恒地称为"新媒介"，在过去的信息技术飞速发展的一个世纪的时间里，"新媒介"的内涵发生了多次变革。特别是最近20年更是明显，新媒体往往称为现代媒体的总体称谓，网络媒介、手机媒介、数字电视等电子媒介称为新媒介的代表。在不远的将来，不似网络、不似手机而又胜似网络与手机的新的媒介平台和形态会不断地涌现、产生出来。以与时俱进的眼光来看，新媒介之新只能是相对意义的新。100年后，我们如今所谓的'新媒介'将被视为旧媒介，其他媒介不得不与它们那个时代出现的新媒介竞争与融合。即便今天的"新媒介"已经称为人们习以为常的传播媒介，可以预见在不久的将来所谓的

"新媒介"会被更新的媒介形态所替代或超越。

图 2-6 虚拟影像

图 2-7 3D 动画驯龙高手

　　由此可见，新媒介在旧媒介的裂变与派生过程中产生，媒介发展史就是不断产生新媒介、变革并更新媒介的历史。媒介裂变与派生离不开原有的土壤，"新媒介决不会自发地和孤立地出现——它们都是从旧媒介的形态变化中逐渐脱胎出来的。当比较新的形式出现时，比较旧的形式就会去适应并且继续进化而不是死亡……新出现的传播媒介形式会增加原先各种形式的主要特点。这些特点通过我们称之为语言的传播代码传承下去和普及开来"●。随着社会的发展、科技的进步特别是现代数字技术发展，各种新旧媒介产生融合，在融合中细分，又在细分中聚焦，数字媒介呈现出裂变与派生的景象。媒介在相互融合的裂变中不断产生新媒介，其目的仍然没脱离信息技术的核心，那就是适应人们日益增强的信息交流和传播的需求。

● 熊忠辉.技术、政治及经济：重整河山与迎接新生——从媒介演进看电视的未来 [J]. 视听界，2014（1）.

第二节　新媒体影响审美文化发展的原因

一、媒介变革影响审美文化的发展和创新

德国哲学家韦尔施认为，当代的人们生活在一个前所未闻的被美化的真实世界里，到处充斥着装饰与时尚，无论是从个人的外表延伸到城市和公共场所，还是从经济延伸到生态学，装饰与时尚渗透其中。在这样的美化世界里，在数字媒介当道的今天，审美文化呈现出了令人眼花缭乱的多样化风貌。

（一）审美文本改变

媒体在这样一个多元文化的时代里面，都在寻找自己的目标群体和诉说对象，于是就出现了媒体的分化。但是这种分化"不是一种文本划分的关系，而是一种文本和文本中的对话互动的权利结构"。也就是一种意识形态的区分，而不仅仅是文本分类。这里的文本是媒体意义上的文本，如一张报纸，一家电视台，一家网站，也可以是传媒产品分类意义上的文本，如新闻、广告、电视剧、综艺节目、娱乐节目等，还可以是传媒产品个别意义上的文本，如某一部电视剧作品，某一台电视晚会，某一篇文学作品。

也就是说，在文化研究的视野中的文本划分不是简单地在一档电视节目、一段音乐上来分类，而是每种文化形态都可以体现在某一个或多个文本中。与此同时，同一文本也可以承载多种文化形态。每年的《春节联欢晚会》所遭遇到的种种赞誉、非议都显示了一个通过声音、画面、灯光等媒介，用电视这种传播媒介，被主流媒体制造出来的，兼顾了精英文化、大众文化等多种审美文化的审美文本在如今这个复杂的审美语境中的艰难抉择。

多媒体是多重媒体的意思，是指直接作用于人感官的文字、图形、图像、动画、声音和视频等各种媒体的综合运用，是多种信息载体的表现形式和传递方式。在信息传播过程中，往往不是单独某种媒介发挥作用，而是多种媒介的综合作用来完成信息交流。保罗·莱文森认为媒介是多层次的，是媒介套媒介："我们读一篇文章（文字媒介），它刊载在一本杂志（报刊亭媒介）上。同理，我们写博客、读博客（文字媒介），那个帖子是在博客网（博客媒介）发出的，我们用笔记本电脑或其他电脑（个人电脑媒介）去上网。一般来说，硬件是传播过程最外围的载体、外壳或包装，是我们必须掌握、触摸、观看、聆听或互动的物质设备；掌握硬件以后才能接收和发送出媒介里所套的媒介。"随着技术越来越发达，在一个载体中出现多种媒介以更好地实现传播目的并不鲜见，影像声音混合成的电影、电视、广告、音乐录影带等更是我们生活中随处可见的传媒产品，这里我们可以更深入地认识、了解、把握影像的多媒介特性。

媒介的多媒体化伴随着媒介的数字化为受众带来多种审美可能。多媒体化可以装载更多的信息类型。在人类历史上出现的所有信息载体（如文字、图片、声音和影像）都能被包容其中，古往今来的所有艺术作品都可以聚集其中。站在传统审美立场上，传统审美对象主要是由文字或符号表意系统组成的文本。在古典文艺审美领域，审美对象可以是一本书、一幅油画、一台戏剧或者一首诗歌，是艺术家经过深刻思考之后创作出来的可以表达艺术家自己对客观世界的认知与感受的艺术作品，具有深刻性和思想性。例如达·芬奇的《蒙娜丽莎》（见图2-8），米开朗基罗的西斯廷大教堂壁画，抑或是巴赫的无伴奏大提琴协奏曲。这类艺术作品并没有因为时间而褪色，也没有因为年代而被大家遗忘，它们是超时间的存在。在数字媒介语境下，审美文本呈现多媒体化的态势，大量的审美对象都会以文字的、图像的、动画的、声音的、视频的、综合的等形式作用于人的视觉、听觉、触觉等多个感官。在以数字技术为核心的多媒体语境中，艺术的表现形式逐渐超越了传统艺术，审美形态发生巨大的变化，拓展甚至颠覆了传统艺术的表现形式。数码多媒体艺术把人的文化体验的个性化因素降到最低点，并使艺术的大众化成为一种潮流。

图2-8　达·芬奇的《蒙娜丽莎》

（二）审美过程变化

媒介可以说是信息交互过程中的物理联系和感性渠道，为审美的交互与互动提供了最重要的条件。在传统审美中，审美媒介主要是指那些存储、传递或者表达各种审美符号的器具和传播工具。"作为审美沟通活动的构成因素，审美媒介是传输审美文化信息的物质渠道，是各种形态的意义交流与审美沟通活动的载体和方式。没有审美媒介，就不存在审美沟通活动。"❶媒介变革使得大量复制文化商品成为可能。这种大众文化的特有产物，对把审美拉下"神坛"做了最后的努力。文化商人为了迎合大众的口味制造出来的文化消遣品，替代了由艺术家们殚精竭虑

---

❶ 雍晴，唐雪莲.美化的预谋——现代媒介审美初探[J].艺术教育，2011（7）.

创作出的高雅、深刻的艺术品，填满了大众的业余文化生活。一切媒介环境都朝着有利于交互与互动的方向发展变化着。

一般来说，审美活动过程中的审美创作者、审美接受者这两种角色是严格区分的。比如欣赏一幅油画名作，油画的作者在画中寄寓了自己的审美情思，审美主体作为审美受众，虽然具有审美参与的主动激情，但在审美过程中摆脱不了作为鉴赏者的被动的地位。而在当前多媒体语境中，由于数字媒介环境带来便捷的共享性与互动性，审美主体可以从审美被动接受的角色中解放出来，赋予它被动接受与主动创作的双重的角色身份，在被动接受的同时也可以通过与创作者互动实现主动参与，在一定程度上改写了主体感知世界的方式。在整个审美过程中，审美主体不一定总是处于被动的地位。数字媒介技术通过共享的相互联结为审美主体实现能动而自由地了解与把握审美对象提供了技术支持。互联网超链接技术具有较强的开放性，使得全球化的网络联结成为无限丰富网络空间，形成开放式的虚拟舞台。在数字媒介空间中，审美主体体现为一种技术的审美的存在，诠释人类掌握世界的独特审美样态。

审美主体通过在超文本、超链接在审美信息量与质的获取上，拥有前所未有的自由。审美主体不再像在传统审美过程中处于被动地位，被动地接受给定的信息，而是可以凭借主观意愿自由地点击，选取最富有审美兴趣的对象加以欣赏。借助融入新技术元素，极大地扩张了艺术创作的表现形式。主体甚至可以超越被动或主动接受的身份，凭借新媒介技术，跃升为具有创造性的审美主体。

博客、维客（Wiki 也译为维基）是媒介审美交互与互动的极好的例子。博客是以网络为载体，简易、迅速、便捷地发布心得，及时有效、轻松地与人交流，集丰富多彩的个性化展示于一体的交互、互动性平台。保罗·莱文森这样评述道，"虽然读博客的人还是比写博客的人多，但任何读者都能够成为写者，都能评论他人的博客，或只需稍稍用力就可以开自己的博客。"这足以说明博客的互动性特征。

维客，是一种在网络上开放，可供多人协同创作的超文本系统，是任何人都可以编辑网页的社交性软件。从审美创作的角度看，维客网页可以借助互动的书写形式，打破时空束缚，凝聚志同道合的群体进行共同创作。可以通过维客技术，实现艺术创作者、爱好者的交流与互动。在媒介技术创作层面，无论是博客还是维客的身份，最具价值意义的是其存在状态的改变，可以是旁观者，也可以是行动者，更可以两者兼而有之。

（三）审美语境变化

审美语境的变化首先体现在日常审美化构成的泛化景观。西方学者在研究消费社会时敏锐地发现在后现代语境下，所有的一切都成了审美的对象。曾经优美的词句只是广告中的一句兜售商品的广告语，高雅的古典乐曲被用在电视剧中作为烘托情景的背景音乐，经典的艺术仿制品被放在任何可能的地方，仅仅是一个装饰的背板，人们从表层的形象之流的紧张体验中获得审美满足。

美无处不在，主要是人们如何去理解美。古典时代高居庙堂的美早已经烟消云散，留给我们的是在日常生活中随处可见的为满足日常生活和现代人审美需求的大众化、生活化的审美形象，这种审美往往是通过媒介而获得的，一群被称为新型文化媒介人的群体通过媒介为人们的生活构建出令人向往的生活图景，从而引导受众在生活中去复制这样的图景，最终实现消费目的。于是我们看到了装帧越来越精美却越来越拿不准主题是什么的书刊，我们看到了制作越来越炫目却只是个过场的片花、片头和片尾，我们还看到了技术越来越纯熟可以模拟出真假难辨的三维角色的游戏动画。21世纪，激烈的竞争加大了报纸的自身发展力度，原来的阅读模式已经不能满足这样的变革了，这就预示着现代报纸必须走个性化、多样化的发展路线。因而，各种报纸通过新颖的"设计"来吸引读者，而不再是传统意义上的通过"改版"来获得读者。随着读图时代的到来，报纸内容上充斥着各种吸引感官的图片，图片已经成为报纸版面设计的中心元素。可以说，在电视、电影等电子媒介的挤压下，为了获得生存，报纸被逼无奈做出这样的选择，这也是文化发展进程中媒介融合的必然结果。包括电影字幕的设计，也强调美学效果。电影片头、片尾字幕设计，是电影中除了台词以外仅有的文字媒介，其产生之初主要是对制作人员、制片单位和赞助人的标注文字。传统意义上的电影字幕基本都是以文本的方式出现，而现在越来越多的电影特别是投资巨大、制作精良的影片，在电影字幕的表现形式上也很是讲究，电影投资人会请专门的字幕制作公司制作电影片头、片尾字幕设计等，根据电影的内容及表现风格，吸收现代新颖的平面设计元素，利用平面与动画、二维和三维、手绘和电脑、静止与运动、声音与画面等各种手段对电影片头片尾字幕进行设计，并通过以蒙太奇手法加以接剪切加工，使得电影片头、片尾字幕成为几近完美的艺术作品，具有强烈的视觉冲击力，吸引观众的眼球。相比传统电影片头片尾字幕设计，现在电影片头片尾的这种呈现方式的转变是媒介审美的有力佐证。例如：粗犷的《斯巴达300勇士》、科技感十足的《钢铁侠》（见图2-9）、青春叛逆的《朱诺》的字幕设计均颇具匠心，适应了各自影片的风格。《斯巴达300勇士》讲述的是古代希腊的斯巴达兵团的故事，影片风格黑暗硬朗，处处充满雄性的张力。在影片最后的字幕设计中，主色调采用了黑色做底色，中间用白色线条勾勒出人物轮廓并做简单动画，并时时配以四溅的代表血液的红色，像影片中那个蒙昧时代原始人的性格强烈地展现在大银幕上。整个字幕的剪辑用的是平面动画中常用的镜头动画，中间没有剪辑，而是利用左右或纵深空间的变化来造成视觉上的暂停和字幕信息的变化。新颖且精良的电影字幕能与影片的内容及风格融为一体，让人产生深刻印象。好莱坞梦工厂三维动画电影《功夫熊猫》就很好地应用了中国元素，故事的展开以中国传统绘画中的卷轴形式缓缓展开，没有蒙太奇的剪切，只有卷轴的移动，字幕后面都附中文译文，颇为用心，为中国观众所喜爱（见图2-10）。

图 2-9 《钢铁侠》剧照

图 2-10 《功夫熊猫》

新媒介审美的泛化景观并不是突然出现的，有它特有的发展轨迹。数字媒介语境使审美方式发生了根本的变化。审美对象不再仅仅是音乐、绘画、雕塑等艺术品，也不仅仅是生活中的日常用品，它还可能是杂志上的一张照片、一个网页设计或者是电视台的宣传片。审美环境也伴随着日常生活在发生变化，匆匆挤入地铁瞟见灯箱上的广告，在路边咖啡馆看对面窗户上画的个性涂鸦，抑或是迎面走来的身材高挑、穿着时髦的美女。审美再也不是神秘高雅不可侵犯的精神活动，它仅仅成了我们生活的点缀。

精彩纷呈的虚拟世界也是审美语境变化的重要表现。当人们看到"泰坦尼克号"这艘巨轮沉没时产生的惊讶并不亚于当初在巴黎某个咖啡馆里看到《火车进站》时的震惊，之后的惊喜更是不断被刷新，直到人们开始习惯影像带给我们一个完全虚拟的世界，比如《海底总动员》

《虫虫总动员》《蜜蜂总动员》，以及一只疯狂的兔子穿梭在虚拟与现实世界之间的《谁陷害了兔子罗杰》，还有巨大的变形机器人像宠物一样和主人一起冒险的《变形金刚》。《火车进站》带来的震惊是人们第一次看到银幕上人类的真实影像，《泰坦尼克号》带来的震惊则是人工制作的特殊效果，而各个"总动员"带给我们的是一个完全由数字虚拟影像组成的世界。

数字虚拟影像是指电影生成的图形图像或通过电脑制作的数字特效合成影像，这是人类描绘世界、模拟世界的结果。传统的真实影像是在我们现实生活中可以看到或者可以实现的影像，是实景电影，是写实的。而数字虚拟影像正好相反，它毫无物质感，只能感知不能触摸，它是由电脑程序制造出来，由电脑语言构成的不真实的世界。它的出现完全改变了人们对真实影像的理解和在图形处理上的创作思路，因此数字虚拟影像虽然是影像，但又不能等同于真实影像，而是可以独立作为一种媒质存在，因为它完全可以独立承担传播的任务。

无论科教片还是影视作品，我们看到的更多是经过电脑修饰过的影像。比如电视剧《乔家大院》是一部写实性较强的影视作品，它是想通过乔致庸的奋斗史来弘扬晋商的诚信和气魄，而在这部作品中大量的段落都使用真实和虚拟结合的方式进行拍摄。例如有一场场面宏大的坐船渡江的戏，画面上需要很多船只，这样成本耗费巨大，还不一定达到应有的效果，于是拍摄者就用了前景真实拍摄，后景电脑处理的方法来进行制作。这里的特效还算温和，主要是要保持现实主义的整体风格。而好莱坞大制作《指环王》系列则是虚拟和真实完美结合的典范（见图2–11）。这部魔幻主义的精品，观众在观影的过程中，已经忘掉了真实和虚拟的界限，只是为影片所呈现出来的新的美学样式所深深折服。虚拟影像还广泛使用在动画、游戏、MV、广告、科教等众多领域，包括现场的舞台剧，也有大量的新的科技和虚拟影像来全面提升舞台的效果。中央电视台 2009 年的《春节联欢晚会》舞美设计就非常突出，舞台总设计师陈岩说："春晚舞台采用了最先进的技术手段，运用多媒体制造了视觉冲击……130多根升降的柱子，在不同的造型和灯光之下，可以是青翠的竹林，也可以是万家灯火的楼群，大面积的LED，能够表现天和地，也能在4秒钟演绎四季，这是一个真正的多媒体舞台，能够与每个节目互动，营造各种氛围。"❶这不光是虚拟和真实影像的结合，还有文字、声音、图像等，所有开发出来的媒质的综合，唯一的准则就是，能有效、好看并令人信服地传播。

图2-11　电影《指环王》剧照

二、媒介变革影响审美文化发展的原因

（一）生活审美化与审美生活化

人们不知道从什么时候起开始沉醉于奢侈品鼓吹的高贵的华丽，迷恋五花八门的电视娱乐并开始厌弃没有精美图片的书报。我们的眼睛只能被五彩所吸引，白底黑字再也引不起我们的注意。我们开始用对待艺术品的眼睛对待生活的一切器物，并十分不满"复古主义者们"自以为是地高高在上，似乎只有他们才懂得什么是"美"，而我们只是随时随地在"审"之。从传统角度来看，现代社会的人们离那个高尚的、纯净的甚至神秘的审美活动太远了，曾经是社会上层的少数人才能享有的活

❶ 高畅.数码技术与传统艺术的交融——浅谈春晚视觉设计[J].当代电视，2009（4）.

动，在今天看来矫情而做作，它们早已经被那些日常的、随意的实时审美所代替。甚至连曾经高居庙堂的艺术品都需要放低姿态，借助数字的手段来大肆鼓吹自己才能得到人们的青睐。看似合理的外表之下有着由于数字媒介变革所带来的审美文化所受到的十分深刻的影响和变化。

"这是一个最好的时代，也是一个最差的时代"，狄更斯在《双城记》里的一句名言说出了当代人的复杂处境和矛盾心情。比如说《春节联欢晚会》，每年声势浩大的春晚都在争议中结束，但它每年都会照样红红火火地办下去，观众大多也会每年老老实实坐在电视机前，一年一年地看下去。有人说不错啊，热闹；也有人会说，一年到头看看也好；还有人说看那个是傻帽儿，这时有人不禁怀念起20多年前那万人空巷看春晚的盛况，结果发现我们再也回不去了。

"消费社会带动的消费文化具有明显的泛审美性以及审美的日常性，媒体却是这一现象的推波助澜者。在现代消费文化形成的过程中，现代媒体充任了最佳孕育者和助产士的重要角色。"❶而媒体本身也没有逃脱被审美的命运，媒介作为一个新的审美对象出现。

审美日常化与日常审美化之间的关系是，日常审美化为审美日常化提供了客观的审美环境，使其有美可审；审美日常化则为日常审美化提供了审美的意愿和主体。应该可以这样说，日常审美化提供了审美的对象，审美日常化提供了审美需求，两者相辅相成，互为条件。

在日常审美化的语境中，受众很容易被培养出审美习惯。对于事物的评价，将是否"好看"放在了第一位。在国内一档求职类节目中，一个国内知名网站被很多求职者指出网页设计不够美观，而该网站老板每次都会强调他们这么设计的目的是为了"好用"，这样的申辩几乎没有任何用处，后来求职者依旧会抓住这一点向老板发难。由此可以看出，媒介作为信息载体，在认真地完成自己"本职工作"之外还要注意"打扮自己"。

❶ 雍晴，唐雪莲.美化的预谋——现代媒介审美初探 [J]. 艺术教育，2011（7）.

在当今时代，一场电影、一张照片或者一部电视剧，甚至一场体育比赛、一首流行歌曲都成了审美的对象。100多年前，摄影技术被发明出来的时候，本雅明（Walter Benjamin，1892—1940，德国现代仍卓有影响的思想家、哲学家和马克思主义文学批评家）悲观地认为机器复制时代的来临是对绘画艺术的戕害。如果他活到当下，人人都是摄影师的年代不知会做何感想。按照他的逻辑，那将是一个对艺术的双重戕害。但事实并没如此可怕，艺术没有就此灭亡，只是艺术的外延在不断地延伸，艺术品即审美对象的范围在不断扩大。在数字化媒介时代，只要审美活动的七要素"审美体验、审美鉴赏、审美文本、审美语境、审美符号、审美媒介和审美文化"无所或缺，审美活动就是成立的。审"美"活动成立，"美"就是成立的。只是"美"的范畴扩展到了传统审美领域无法想象的广度。

阅读报纸是如今很多老年人依然保留的获取信息的习惯。报纸作为最早的大众媒体，在传播的广度和信息的深度上一直被人们所尊崇。每天早上，一杯茶，一份报曾经是很多人的生活习惯。可现在，越来越厚的报纸，被大大的标题和花花绿绿的图片所覆盖，真正的文字报道被压缩到了很小的位置。不会再有报纸忽视版面设计这回事情，如果它不够"好看"，那么它将会被读者遗弃。这个"好看"既指内容的精彩，也指版面的漂亮。

拿对音乐的欣赏来说，最早的音乐欣赏是在场性的，审美的过程是面对面的。之后，随着电子技术的引入，媒介的多样化，音乐可以传播到更远的地方。这种传播的载体就是唱片，从黑胶一直到电子光盘，再到如今的数字化的网络传播。而伴随这个过程的是视觉媒介的加入。例如唱片包装上的照片和视觉设计，以及后来专为宣传音乐拍摄的MV。这些额外添加在音乐以外的视觉信息也成了审美的一部分。虽然它们和音乐相辅相成，但是同时也分散了审美对象的注意力。因此，如今的审美活动呈现出的是审美对象泛化的趋势。

古典时代里，审美是上层社会的奢侈活动。占据社会资源最多、人数最少的金字塔尖上的人，是艺术的拥有者和欣赏者。拿中国来说，艺术有民间艺术与文人艺术之分，后者是按照知识分子的审美趣味创作并被接受的作品，以淡雅、意趣高远为主要特征。而民间艺术是普通平民在养家糊口之余根据民间的习俗与审美趣味创作的，往往具有一定的实用性与功能性，而审美价值退之其后。因此，在那个年代，审美是少数人（即文化精英）的游戏。

进入现代社会直至今日，所有的情况都在发生变化，审美的主体扩大到整个人群，每一个人都可以是审美的主体。一个非常重要的原因就是"机械复制"。本雅明早在 20 世纪初，就提出了前机械复制时代与机械复制时代的区别。在他看来，前机械复制时代的一个根本特点是"灵韵"，其中所包含的是"气息""辉光""韵味"，在他看来，艺术是源于仪式的，具有反复制的独特性和完满性、神圣性。在本雅明看来，"灵韵不仅是艺术的特性，更是一种使艺术之所以成为艺术的一种社会关系，是前复制时代具体的艺术—社会—人的统一体，也就是本雅明的'传统结构'"。而复制时代的艺术就是灵韵的消失，唯一性也就此消失。一个作品可以有成千上万的复制品，每个人拿到这样的复制品，在独自的境遇中去找寻各自与艺术的对话空间。"唯一的完满经验转变为千千万万的个别体验"，就如广被传颂的《蒙娜丽莎》，只在传媒语境中观看过作品的人和去卢浮宫和它"对过话"的人的心灵感受是有根本区别的。在本雅明看来，前复制时代的艺术才具有审美性，复制时代的艺术并不具备这个特征。他认为，前复制时代的艺术是艺术家经过深思熟虑，在对自然、客观的景仰之上创作出来的，而复制时代的艺术只有展示的价值和意义。在他看来，电影最具有机械复制时代艺术的特性。尽管如此，之后的另一位媒介研究者麦克卢汉则有着另外的看法。在他看来，电子媒介的出现立即把艺术从囚衣中解放出来，也创作了（绘画上的）保罗·克利、毕加索、布拉克、（电影上的）爱森斯坦、麦思克兄弟和（文学上的）乔伊斯的世界。因此在他看来，媒介可以是艺术的另一种发展和延伸。无论如何，艺术的审美主体在复制的技术推动下扩张了。

（二）媒介向生活与审美渗透

数字化媒介语境中的审美活动，不再局限于传统的纯艺术范畴，逐渐从精英阶层的视野中解放出来，渗透到大众日常生活中的方方面面。诗歌、绘画等传统艺术已经不是大众文化生活的中心，根据调查，影视以及一些新兴的泛审美及泛艺术作品如招贴、移动广告乃至公共建筑等占据了大众文化生活的中心地位。艺术活动的场所也越来越大众化，也远远超出传统的高雅艺术馆所，深入到大众的日常生活空间，如城市广场、文化公园、购物中心等。而在这些场所中，这样数字化的媒介不断地向日常生活和大众审美领域融汇与渗透。媒介生活、文化生活、审美活动、商业活动、社交活动之间的界限已经变得模糊，甚至融为一体。

我们可以通过美国传播学家 A.哈特关于传播媒介的研究来了解媒介融入生活和审美的过程。他将有史以来的传播媒介分为三个部分，分别是示现媒介系统、再现媒介系统以及机器媒介系统。其中，示现媒介系统是指在人们面对面的交流中所使用的非语言信号，例如表情、动作、手势等；再现媒介系统是需要通过物质工具和机器来实现传播，例如绘画、文字、摄影等；机器媒介系统则是指无论接收方还是传播方都要通过物质手段才能实现信息的传播和接受。这样的发展具有非常重要的意义，从人类社会的漫长发展过程来看，真正有价值的信息不是各个时代的具体传播内容，而是这个时代所使用的传播工具的性质及其开创的可能性。

媒介的平民化的过程也就是媒介向生活与审美渗透的过程，是媒介技术发展到了机器媒介阶段才得以实现的。远古时代，依靠口传、书信等方式传播，范围只局限在少数人身上。人类的传播阶段停留在再现媒介系统的时间最长，这也是媒介平民化的开始。只是这个时代里，普通民众作为信息的被迫接受者存在于信息传播的链条中。之后的机器媒介时代，又将这个趋势进一步加强。随着社会的进步和经济的发展，网络和移动终端等数字媒介广泛普及，并且达到了前所未有的规模。

大众传播史是伴随着近代印刷、电子传播技术发展出来的一种特殊的社会信息传播体系。其特点是：传播机构组织信息并传播、受众分散并不固定、信息可以大量复制生产、信息内容公开化以及拥有反馈机制。影像媒介的广泛性造成了媒介持续不断地融入生活和审美的趋势。

审美过程也是一个传播的过程。在传播与审美过程中，它们拥有同样的媒介，或文字、或声音、或形象，却有着不同的传递者、接受者、语境与符号系统。现今社会，这一切不同都在趋同，也就是说，传播过程和审美过程在逐渐重合中。换句话说，传播过程中包含着审美，审美活动中有信息的传递。而单纯的审美过程与纯粹的信息传播过程在媒介向生活与审美的渗透中已经不存在了。

第三节 审美文化主动适应新媒体而不断创新发展

一、媒介融合与多元审美

加拿大著名哲学家麦克卢汉曾指出，新媒介的出现，将使旧媒体成为新媒体的内容。

在前一节传媒审美的多样性中曾提到，旧媒介不会因为新媒介的出现而消亡，它自身可能作为媒体的一部分而存在。而新媒体则借助旧媒体的优势发挥着更大的效用。

从 2004 年开始的连续几年的《超级女声》选秀活动，本来就是一个娱乐节目，由于采用了评委选择和短信投票淘汰双管齐下的赛制，使得整个比赛因其貌似"民主"的意味而被广泛关注。暂且不论超级女声以及由此引发的浩浩荡荡的全民"选秀运动"的各种非议，至少它体现了媒体融合所带来的巨大收益。2004—2006 年连续三年，《超级女声》不但是 2005 年全国电视节目的冠军，还使得节目主办单位湖南卫视成为受人瞩目的电视台，在 2005 年决赛期间湖南卫视的收视率上升了 5% ~ 12%。同时利用 QQ、手机短信和声讯电话投票的方式，将传统强势媒体电视、移动媒体手机和新兴媒体网络绑在了一起，还有全国各大报刊等平面媒体的大篇幅报道，迅速扩大了信息的受众和影响。超级女声无疑是那些年最热闹、最受关注和争议的电视娱乐节目，然而它打开的前所未有的媒体大融合的局面，最终使得嗅觉敏感的媒体开始思考自己怎样在这样一个多媒体时代生存的问题。

尤其是传统媒体，最终按捺不住，纷纷向网络伸出了橄榄枝。网络与生俱来的包容性将传统媒体中的各种信息汇总、发布并利用自己的交互性优势影响着传统媒体。互联网众多的文字信息来自报纸书刊，视频信息来自电视和电影，音频信息来自电台和有声杂志。众多传统媒体都纷纷在网络上建立自己的网站，报章杂志也都推出了电子版本，电台节目也都"上线"，甚至有些还做了实时播出。曾经高高在上的文学，一触网络都不免走起了亲民路线。越来越多的网络写手在发布自己的文字之后，从读者的跟帖回复中找到读者的喜好并据此来决定故事的发展，甚至会因为读者的不喜欢而彻底改变故事情节。走下神坛的文学尚且如此，本来就是大众媒体的电视更不会摆什么高姿态，曾经有电视台因为观众在其网站上发表对某部电视剧结局的不满而重新拍摄，给观众一个满意的"交代"。

在传统媒体积极向网络靠拢的时候，网络也在向传统媒体靠拢，进而增加媒体传播的时实性，尤其是已经到来的手机 4G 时代。4G 全称是 4th Generation，意为第四代数字通信。第一代手机只能通话，第二代可以接收数据，第三代最大的特点就是声音传输的速度和质量提高，能够对图片、音乐、视频流等进行处理，还可以浏览网页，享受电话会议、电子商务等信息服务。我们可以看到手机将从一个日常工具变成一个新的媒体平台，这个平台的整合出现了所有媒体的所有特性。它有电视的"内涵"（影视作品），又有网络的"胸襟"（无所不包），还有书报、广播的"随意"（方便携带），几乎整合了现有媒体的特性，是媒体融合的最直观的体现。

传媒审美和传统的审美不同，它主要是将传媒作为前提，而审美是伴随传媒产生，因此，在传媒审美中，我们不能忽略的一个问题就是：谁是传播者？谁是受众？当然这个问题在互联网产生前还有意义，如今已不再是问题了。

自从 Web 2.0 产生，网络制造者就成了平台搭建者，而真正上台唱戏的却是用户，比如豆瓣网、开心网等运用了 Web 2.0 概念的网站，国外有 Facebook、Flicker、Myspace 等，都是运用这样的概念运营的。虽然目前有很多人还在质疑 Web 2.0 的吸金能力欠缺，但是从颠覆传统、打破权威、用户交互的角度来说，Web 2.0 是真正的一场革命。它有比 Web 1.0 更清爽亲和的界面、更合理的链接以及贴近用户的资讯。就拿豆瓣网来说，它是一个客户可以标示自己喜欢的书籍、电影、音乐、爱好和活动的网站，用户不但可以在这里找到自己的喜好并发表评论，还可以找到自己的同好，称为"豆友"。同时还可以在自己的兴趣小组里面和豆友一起讨论、体验和谈感想。可以这样说，Web 2.0 是一个由网站维护者和用户共同创建的网站，二者缺一不可。网站上的信息发布者不是网站工作人员而是用户，网站上信息的接受者是另一端的电脑用户，而这个用户也可以成为另一个信息的发布者。因此传统意义上的传播者和受众已经完全被打破了，一个人人有发言权的平台就此搭建。

在文学方面也是如此，曾经的作家都是高高在上、神秘莫测的，总要等到作品完成、出版面世之后，才能听到读者的声音，如果是遇到作品受欢迎，读者的不同意见更是会被淹没在喧闹的赞叹声中。而现在则不然，尤其是网络写手更尊重读者的意见，甚至有时读者的意见可以左右剧情发展方向的事都不鲜见，更有甚者，一部作品被某个读者下载观看之后认为某些地方不妥或者不是按照他的想法进行的，他可以自行修改之后再上传到网上，而读者们也并不介意"山寨版"的存在，因为如果不喜欢，还可以另寻"正宗金身"。

Web 2.0 是网络综合的升级版本。传统的 Web 1.0 通常是由网络公司创建门户网站，提供大量的咨询服务，并从广告费中实现盈利。而 Web 2.0 的网络公司更像是影剧院的老板，搭建了一个舞台并规定舞台上上演剧目的类型之后退居幕后，等着观众自己去表演。"受众"这个词在这里都显得有点过时了，Web 2.0 的用户既是信息接收者也是信息提供者，双重身份是可以重叠的。类似的网站还有很多，国内的交友网站开心网、音乐分享网站猫扑爱听网，以及国外交友网站 Facebook、Myspace，视频共享网站 Youtube，图片共享网站 Flicker 等，都是 Web 2.0 网站的佼佼者。Youtube 是世界上最大的视频共享网站，除了网友自娱自乐的业余作品之外，越来越多的专业工作人员、独立艺术家和小型工作室将自己最新的作品放在 Youtube 上供人下载观看（见图 2-12）。

图 2-12　Youtube 网站

二、让媒介技术服务于人的审美需要

美国学者道格拉斯·凯尔纳认为"媒体文化是高科技的文化，调用了最为先进的科学技术。它是经济中生气勃勃的一部分，是最有利可图的领域之一，同时正在获得全球性的显著地位，所以，媒体文化是一种将文化和科技以新的形式和结构融为一体的科技文化"❶。没有技术的发展就没有今天丰富多彩的媒体世界，技术在塑造媒体的同时也在影响着传媒审美。电影从无声到有声，从黑白到彩色，从真实到虚拟，都依靠技术的发展，并且我们发现技术具有不可逆性。人们在接受有声电影之后便无法再忍受"哑巴"电影；在有了颜色之后就再也不想回到黑白；有了虚拟的影像后就总想着它能够更加惟妙惟肖、精彩绝伦。

媒体靠科技发展，科技也在改变人们的审美观念，因此我们可以说，科技在将传媒审美带向一个边缘的位置，媒体审美和传媒产品审美越来越依赖科技的进步，并且，由科学技术而带动起来的审美类型也占有越来越重要的地位。《骇客帝国》系列讲述的是人类社会对抗强大

❶ 谭旭东.语境、文化实践与问题缘起——电子媒介对童年及儿童文学的影响之研究 [J].
现代传播（中国传媒大学学报），2008（10）.

的虚拟空间的故事（见图 2-13）。影片为了表现高科技和未来世界的科学感，使用了大量的电影特效来完成，其中很多著名的场景被后来者效仿、借鉴甚至恶搞，比如子弹时间、黑衣人围攻等。从另一个角度来说，影片为了营造科技感，让人感觉到"酷"，从主角的服装、道具到整体造型、场景都极简化，大量的屏幕黑、荧光绿和金属感烘托出了未来网络世界的理性和冰冷。影片所营造的科技风格，在此被广泛运用到平面媒体、流媒体以及视觉艺术中，形成了独特的审美样式。

图 2-13　《骇客帝国》

西方世界在古典时期所讲求的宗教、艺术和"科技认识"世界的模式正在被逐渐打破。传媒成了它们沟通的最有效渠道，传媒审美受益于科技的帮助，也在帮助科技以视觉化的形式走进艺术的世界。特别是虚拟影像，对科技的依赖更是到了前所未有的程度。如今一部精彩的视觉大片，无论是特效还是动画，都不是艺术工作者能独自完成的，它需要强大的技术支持。更不用说在 2009 年乃至以后很长的时间内大放异彩的立体电影。Double Negative（英国著名视觉特效工作室，创建于 1998 年）的 3D 主管 Paul Franklin 甚至认为立体新技术对好莱坞造成的冲击等同于 20 世纪初有声电影出现时在当时产生的冲击。

科技到底想要把我们的审美带向何方？科技进步成就了媒介最伟大的革命，同时也推动了新媒介审美文化的发展创新，但是，依附于高科技的媒介技术永远都只是手段和工具。"计算机把我们有关自然、生物性、情感或精神的主张置于从属地位。它凌驾于一切人类经验之上……虽然用机器复制人脑功能的追求自古以来就有根基，虽然数字逻辑电路赋予这种追求一个科学的结构，然而，人工智能没有也不会产生能够创造意义、具有理解力和情感的动物。"尼尔·波兹曼在这里充分阐述了人的需要，人的创造性、理解力及情感的重要性，正是人们有了运用海量信息、实时交流、跨时空传播的需求，网络才应运而生；人们需要移动、便捷地相互联系，才有了手机的诞生与发展。人的创造力和人的需求永远都是处于第一位的，我们所要做的最重要的事情，就是让媒介技术服从于、服务于人的需要。

三、在视觉转向中坚守理性

在数字媒介语境下，"读图"成为人们乐于获取信息的方式，也成了当代人主要的审美接受方式，并且这种方式深刻地影响着当代人的生存手段与生活方式。随着视觉技术的不断进步，人们的视觉领域在不断地扩展，视觉范围在不断地延伸，使得可视性要求与视觉快感欲望得以不断攀升，新的视觉形态与范式层出不穷。图像传播速度和效率的提高不仅及时快捷地呈现着远近各地的情景，同时大大地提高了人们对视觉图像把握的速度。高速、快捷地了解信息成为视觉文化时代的基本追求。那些能够迅捷而高效地传送的图像才符合人们不断提升的感官欲求。当代视觉文化不断地在颠覆着、改写着人们关于时间和空间的感受和观念。

由于文字与图像叙事的特点不同，文字是通过静态的抽象符号间接化叙事，图像是通过生动形象描绘直观化的叙事，比起文字阅读更能激发感官功能，读图能够轻易享受到感性图像所带来的无限快感，因而当代人们更乐于接受图像式的审美形态。人们解读文字符号必须通过深度的思维模式从文字符号中还原形象或提取意象。人们在接受、认识文字信息的过程中不仅要通过理性的思考还要发挥丰富的想象力，才能体悟字里行间的审美韵味。因此，阅读文字是一种有间接的有一定距离的审美，人们不可能得到直接的快感。而图像直接诉诸人的感官系统，冲击着人的视听，人们在千变万化的图像面前甚至来不及思考和想象，只能在视觉感官的刺激中感受震惊的效果，让人们的视觉渴求在娱乐化、浅表化的领悟中得到一定程度的满足。

虽然人们追求视觉快感并没有错，视觉文化转向也有进步的意义和价值，但是我们也不要单纯、片面地追求视觉快感和刺激。"'图像世界'离我们越来越近时，真实的世界就会离我们越来越远。回到真实的世界，这才是人类永恒的追求。视觉与听觉，图像与语言，是我们生活借助的符号，人被这些符号所包围，但归根结底，人仍然会成为这些符号的主人。"文字与图像都是最富特性的媒介形态，都具有各自的特点和优势，都是独特的传播话语符号。世界著名的媒体文化研究者和批评家尼尔·波兹曼指出，"虽然文化是语言的产物，但是每一种媒介都会对它进行再创造——从绘画到象形符号，从字母到电视。和语言一样，每一种媒介都为思考、表达思想和抒发情感的方式提供了新的定位，从而创造出独特的话语符号。"❶我们要尽量追求图文结合、图文并茂，充分发挥文字阅读的优势，在字斟句酌、推敲探究中索取理解的深度。同时在图像的观照中感受其摄取、理解与把握的快捷、直观和具象。特别是面对图像的视觉读取，要尊重图像理解的特点与规律。正如《"读图时代"的图文"战争"》一书作者周宪所说，"语言学的思维方式或方法论并不适合于视觉现象的研究，观看图像有许多不同于阅读文字的特征，它们需要在新的视觉文化的范式内加以解析，而不能简单地套用语言学模式来说明。从这个意义上说，视觉文化的兴起不仅是一种新的文

❶ 彭文祥.新媒介生态和艺术生态中的"网络文艺"刍议[J].广西师范学院学报（哲学社会科学版），2018（1）.

化形态的出现，而且要求一种新的思维范式。"❶如果既能不片面追求图像的感官刺激，面对图像的和非图像的信息能取其之长补其之短，又充分利用图像信息自身的优势、特征，运用对应的思维范式去理解与把握，就不难在视觉文化的转向中追求、坚守理性。

❶ 周宪."读图时代"的图文"战争"[J].文学评论，2005（11）.

第三章　大众文化视野中：新媒体时代的审美文化新特征

第一节　审美与艺术创作格局的变化

摄影技术的普及宣布了一个艺术视觉时代的全面降临，一个多世纪以来，影像艺术以汹涌澎湃之势将千万种"现实景观"呈现给现代人。高精度的摄影机对社会与自然记录甚至超越了人类肉眼所看到的真实世界，摄影师运用多种技术手段来表达人对事物的感知，从更新奇更深入甚至全方位的视角让人类感知这个世界。影像艺术的迅猛发展，对传统艺术格局造成了种种震荡、冲击，对从 19 世纪末到今天的各类艺术的表达方式也产生了明显或潜在的影响。摄影镜头所至之处，人类的眼界、审美方式乃至思维模式都产生了深刻的变化。

一、审美认知价值的复兴

虽然影像艺术是人类创造的各个艺术门类中诞生最晚的艺术，但是它的发展非常迅猛，在不到半个世纪的时间里，通过迅捷的传播已经成长为受众数量最多的艺术。影像艺术的面世与兴盛，不仅使传统艺术的主流地位受到冲击，而且还导致了各艺术门类在题材、表现手法方面重分天下，使得 20 世纪的艺术格局呈现出与传统时代大异其趣的局面。

（一）写实主义的门类迁移

在摄影和影视艺术成为受众最多的艺术之前，文学和美术是传统艺术中影响最大、受众最多的艺术，其中 19 世纪一直延续到 20 世纪的写实主义绘画和现实主义文学的地位尤为重要。用线条与色彩逼真地再现现实景象、以明白晓畅的语言描述现世百态，在传统画家和文学家看来都是天经地义，且将天长地久的艺术追求。但摄影与电影一经面世，便对上述信念造成了强大冲击：20 世纪的现代美术与文学中写实主义倾向明显减弱，绘画与小说创作中都出现了追求抽象表征、转向，内在心理的趋势以及某种程度的自我精英化，这些变化，很大程度上都与影像艺术的盛行扩张有关。影像作品对传统艺术的冲击——写实主义的门类迁移摄影技术面世，首先对西方传统绘画形成了潜在威胁——西方主流绘画从古希腊时候起便一直非常注重再现、写实，不管是从文艺复兴时期达·芬奇的《蒙娜丽莎》到浪漫派画家籍里柯的《梅杜萨之筏》，还是从卡拉瓦乔的静物画到柯罗的风景画，在数千年的绘画史上，写实主义风格一以贯之。画家们追求对现实世界的描摹与再现，在画面的形式、比例、光影、色彩、透视等方面都追求与现实贴近，并为此付出毕生心血。发明摄影术的法国人达盖尔，自己原本也是位肖像画家，他努力探求以机械方式来留存现实影像，其初衷只是想要降低绘制油画肖像的成本，让靠画肖像为生的同行们能更多更快地绘制人像、提高收入。没想到这项新发明却从根本上断送了这个行业——普通肖像画（杰出大师的写实作品另当别论）的目标可以说就是"复制现实"（不做浪漫想象或抽象变形），这一目的与摄影技术的目的恰恰相同，但绘画的效果却无论如何也难及摄影那样逼真和精细。摄影技术产生以后，运用光学和数码技术能够比画家的肉眼便捷地实现对外部世界实景的精确复制。与摄影技术的迅捷性相比，画师们对现实世界的描摹便显得拖沓而多余。因而，摄影技术普后，直接导致诸如肖像画家和战地新闻画家的从业者失业。由于他们基本上仅以单纯地再现现实为职能，而摄影技术明显能更快捷和更精确地完成这类任务，因而照相机迅速而冷酷地取代了这类画师的地位。这一情势继续发展，并不完全抹杀了绘画艺术的地位，在摄影技术的快捷度和精确性上，绘画艺术基本放弃了与摄影竞争，于是走向印象派、表现主义、超现实主义等现代派发展道路，寻求自身独特的、其他艺术门类难以取代的价值。复制和记录现实景象的任务基本移交给了照相机和摄影机，摄影术发明以后，在复制外部世界实景的活动中人类把手解放出来，而是由盯住镜头前的眼睛来完成对外部世界的复制与摄取。

　　由于摄影技术的排挤，画家们在绘画创作中基本放弃了写实追求而转向其他领域，由"外倾化"转向"内倾化"，他们把画笔伸向人类的内心世界或内心华的变形的外部世界，例如表现主义、达达主义和超现实主义等绘画流派表现人类主观情绪或潜意识，立体主义、结构主义等绘画流派则反映变形、抽象的外部世界等。简言之，就是尽力去开辟摄影的纪实技能无法插足的领域，寻找某种独特的、唯绘画能造就而其他艺术活动无法提供的审美经验。从某种程度上说，影像艺术逼迫绘画反思传统并不断走向创新，不得不发挥和挖掘绘画本身特色和潜力来确保非他莫属的效果，这样即便缩小了绘画艺术的涵盖范围，但也让绘画艺术在现代文化中保有一席之地（见图 3-1）。

图 3-1　《工作室一角》（达盖尔摄）

印象派画家莫奈是这一过程中转折点上的重要人物，他一方面极其精密地捕捉客观现实中的细微景象，一方面将主观的个人感受与情感投射到笔下的形象中，他的画作既是写实主义的顶点，同时又开始了对写实主义的逆反。然后，画家们开始从平面性、颜色等方面昭显绘画的本质特色。"绘画媒介的某些限制——平面外观，形状和颜料特性——曾被传统的绘画大师们视为消极因素，只被间接地或不公开地加以承认，现代主义绘画却把这些限制当作肯定因素，公开承认它们。"❶1886

---

❶ 解玉斌. 西方艺术观念的演进 [J]. 贵州大学学报（艺术版），2013（12）.

年，法国画家修拉展示了他的名作《大碗岛的星期天》，描绘大碗岛上度假的人们，这幅画放弃了传统绘画对三维立体逼真效果的追求，用一种故意机械化、二维平面的绘制方式，将人物画成呆板的木偶状、近似单维纸片人的模样。修位不再着力于画出与现实酷肖的场景，而是用点彩的方法探索"颜料"的独特调色效果。差不多与修拉同时，荷兰绘画大师凡·高也从肖像画的色彩入手探索新的表现手法，他不是像摄像机拍摄照片而是通过色彩的描绘、用凡·高的话说就是"充满热情的表现方式"来描绘人物，由追求客观写实转变为色彩渲染并给予情感，将传统写实性的肖像画描绘成寄寓创作者饱满激情的作品。基于摄影艺术的挤压，绘画以强调色彩的方式来获得自己的地位，从印象派到让位给立体派为止的现代派绘画流派中，绘画为自己开辟了更为广阔的艺术发展领域。而在绘画的非写实、变形表达方面，最典型的例证如康定斯基的抽象主义绘画——在这位画家笔下，一切都被分解和抽象化了：线条、光、色、形、颜料、外观和构图，并不需要参照这幅画的某种外在现实。用色彩来表达某种情绪或梦幻效果，康定斯基认为："一幅抽象画永远是一条通向梦幻的起飞跑道，每个人都把自己投射进去，不求助线性透视的手段或空气透视的手段，只依靠色彩的作用，就创造出一些具有深度感的相似的紧张状态。"在抽象主义画作中，既不存在中心或主题，也看不出什么事件的开端或结局，只能感觉到画家某种内在情绪的瞬间冲动。

当然，影像技术的产生和发展除了直接影响绘画，也间接地对文学产生了相似的影响。19世纪以前，西方既没有影像传播媒介，报纸杂志也比较少，新闻报道不发达，使得文学成为大众了解世事人情的主要途径，其中现实主义文学尤为盛行。司汤达、巴尔扎克、托尔斯泰等小说家都以描述现世人事、展现时代风貌为己任（巴尔扎克尤其雄心勃勃地要让自己的《人间喜剧》成为法国社会的"百科全书"）。某种程度上，文学的现实主义追求与传统写实绘画是一致的。直到摄影艺术的冲击降临，图文并茂的纪实性摄影和电影纪录片的直观性强于文学描绘，而且影像的摄取与传播更为迅速便捷，再加上印刷术发达导致报刊数量猛增相结合，使得新闻报道能够极其快捷生动地呈现于大众面前，现世间的人情世故不需要再等待文学家的改造和描绘便快速面市，以其真实性、切近性、直观性赢得了大众的心（等到电视出现后，新闻影像取代写实文学的潮流更势不可当）。文学家仅仅以现实描绘的精细和语言表达的流畅已经难以和影视新闻对抗。正如阿多诺所说的："新闻报道以及文化工业的媒介（特别是电影）也使小说丧失了许多在传统上属于它们的表现对象。"即如诗人波德莱尔在照相技术诞生不久后便感觉到，假如照片的艺术表现力达到一定高度，文学家就将面临危机："一旦它能够把握那种不可触摸的东西、想象的东西，也就是那一切只是由于被人寄予了自己的心灵才有价值的东西，那么要我们也就没用了。"❶同写实画家一样，文学家们不得不改变创作惯性，逐步放弃单纯的写实叙事，转而去寻找影像艺术不擅长表现或无法企及的领域。

文学写作如何超越传统写实主义？现代作家采取了两种策略：一是转向心理世界的开拓；二是对传统现实主义进行改造、变形。"由客观事物和事件组成的外在世界不再重要，除非这些东西能被上升到象征的高度，变得透明以展示思想，或用作意识发生过程的背景。"❷从20世纪上半叶起，西方文坛次第出现了意识流、精神分析、超现实主义等潮流。普鲁斯特、伍尔夫、乔伊斯等意识流作家致力于挖掘和记录现代人的内心意识；布勒东等超现实主义作家受弗洛伊德精神分析学说影响，尝试将现实观念与本能、潜意识和梦的经验相融合；马尔克斯等魔幻现实主义作家则保留了一部分现实主义描写，但又将其放置在虚幻的环境与气氛中，把现实人事改造成神奇怪诞、虚实难辨的幻景……此外，即便是基本保留现实主义追求的文学，也开始进行大量的语言实验，其先锋性叙事话语日益艰深朦胧，以区别于新闻式写作的浅显直白，其动力

❶ 祁林.传播学视野中视觉文化研究的谱系[J].国际新闻界，2011（6）.

❷ 刘永平.感觉突进的两极——论大众文化背景下的现代主义艺术[J].东方论坛.青岛大学学报，2004（10）.

并不仅仅来自文学自身内部发展的求新欲望，还来自大部分文学家放弃了与影像新闻在"社会沟通"能力上作竞争，转而以艰深的内容、个性化的语言、费解的形式重新圈围文学的地盘，再造自身的精英地位和稀缺性——这种做法多少是一种被迫为之的贵族化行为。

简而言之，作为传统艺术门类的文学与绘画在影像艺术和机械复制技术的冲击下发生转型，向着非写实方向和精英主义道路进行开拓；还连带着与绘画接近的种类，如雕塑；与文学接近的种类，如戏剧，都显地呈现出越来越多的写意、抽象、变形特征。影像艺术，尤其是电影与电视这两门"综合艺术"，在贪婪地囊括美术、音乐、戏剧表演等其他各个艺术门类于一炉的同时，又逼迫各种传统艺术去寻找或退守自身的独特性与纯粹性，以凸显自身独一无二的介质特征和表现方式。

（二）艺术认知功能的复苏与提升

影像艺术使艺术的写实、记录功能在 20 世纪获得了空前的扩充和发展，产生的一个重要效果就是使本已衰落的"艺术认知功能"得到了复苏与提升。（尽管电影同时也以大量的虚构故事为人类"造梦"，营构了许许多多的绚丽幻境，后文再述。本节着重论述影像的纪实意义。）

回顾西方美学史，从柏拉图亚、亚里士多德时代开始的西方文艺传统就非常重视艺术对"真理""知识"的承载和传授作用。在柏拉图的心目中，艺术要传扬的事物包括"真善美"三个维度，其中"真"列第一位，"善"次之，"美"则是最不重要的。这种看法奠定了西方的主流美学传统，传承柏拉图的"理念说"亚里士多德的"模仿说"，历代理论家们艺术最重要的功能就是反映世界真相和承传知识经验。这种传统一直延续到 19 世纪初，对艺术认知功能的看法才发生一个逆转——哲学家康德提出的"审美无利害性"观点对艺术理论界产生巨大震撼，艺术家们开始明确主张"艺术无功利说"，认为艺术无须考虑经世致用等外在价值，对"真"的传授和对"善"的倡导都不是艺术的天职，艺术只需以"纯美"的创造和传扬为追求目标。19 世纪后半叶，出现了一股强大的"为艺术而艺术"的思潮，形式美的地位大大提升。到 20 世纪早期，在唯美主义、现代主义思潮的冲击下，艺术家们由忠实地再现外部世界转向反映个人的主观情感，并艺术的语言美与形式美。唯美主义作家王尔德更声称："一切拙劣的艺术都是从复归自然的描写和客观地描述人生而产生的。艺术越远离现实、超脱现实越妙。"❶临到影像艺术面世之前，在唯美主义思潮影响下，艺术对认知功能的注重似乎已变成一种过时的追求，艺术作品的审美价值与认识价值分离，被看作是艺术作品的两个方面加以区别对待，只不过艺术的认知价值逐步降低。

现代影像技术的出现又让艺术与真实世界的关系重新密切起来。以绘画和影像的差别为例：绘画与影像艺术同为二维平面视觉艺术，常常被视为性质最相近的艺术门类，但在认知性方面，二者的追求却大相迥异。绘画很少担负帮助观众认识世界的科学功能（尤其自 19 世纪唯美主义思潮盛行以来，绘画更刻意淡化自身的认知功能而张扬审美功能），电影的时代性特征使得电影从一产生就拥有认知价值这一特长。一般来说，电影拍摄的对象必须是真实的人或事物实体，而绘画可以通过线条与色彩等虚构、想象或简化事物，电影的写实功能使得它拥有更为重要的认知价值。不用说以写实为主的科教、纪录片，就是拿故事片电影来看，在讲述人物悲欢离合的同时也展示时代风情与人生百态等，也具有较好的认知价值。因为哪怕是影片中一样微不足道的器具，也必然（应当）是真实之物。这些物体蕴含着较为丰富的时代内容，或体现那个时代的流行风尚及科技水准或表现主人的社会阶层、审美趣味等，这使得影像艺术主要以展现有意味的现实事物为己任。换言之，这门艺术必然与事物之"真"有着密切关系。此外更重要的是：随着摄影技术迅猛发展，特别是数码技术的应用以及光学镜头的不断改进，摄像机可以捕捉肉眼难以企及的视觉领域，发现了大量人类从前未曾知晓的景象，这必然使人们在影像作品中得到充足的"认知"快感。

---

❶ 王晨.西方形式论的沿革评析 [J].山东社会科学，2007（8）.

本雅明是最早关注影像艺术认知功能的美学家之一，他以唯物主义为指导原则，独具慧眼，精细地分析影像技术的各个细节，析理出影像技术与艺术认知之间的隐秘关系。在本雅明的时代，摄影技术还没有达到今天的高度，他所能见到的只是放大10倍左右的照片或快速连续拍摄的运动细节。但是就在这些图像里，本雅明已经感觉到一个陌生新奇的视像世界出现了：通过观察布洛斯菲尔德（新客观主义摄影师）拍到的植物照片，仅仅放大4倍的蕨草嫩芽就显得庞大如权杖，鱼鳞般的细小叶尖以非常规则的几何比例向内蜷曲；东方罂粟的照片放大5倍后，果实看上去状如巨锤，肉眼难以分辨的微小皱褶和绒毛都得到极其清楚的呈现……这些照片将人们平素不曾注意或肉眼难以辨析的事物细节凸显出来，让我们在司空见惯的地方遇见了"陌生"。布洛斯菲尔德植物照片既发现了自然之"真"，又体现了天然植物之"美"，揭示出"自然界的基本结构和艺术形式之间的关系"（见图3-2）。

图3-2 《东方罂粟》（布洛斯菲尔德摄）

此外，照相机还能捕捉到快速移动的事物的瞬间定格形象，帮助人们确切了解物体或动物的运动状况。1872年，研究赛马的人们争议马在疾速奔跑时究竟有没有四蹄全部腾空的时刻，美国加州州长斯坦福（也是一位赛马拥有者）委托摄影师穆布里奇解决这个问题。穆布里奇经反复试验后，在1877年终于成功地用快速摄影手法拍到奔跑的马儿的组照，他在跑道旁设置一排照相机，快门上横系着细绳，马跑过时拉断绳子，牵动快门，便拍下了一连串的照片（见图3-3）。这组系列照片头一次让人看清了奔马四蹄收放的瞬间体位，显示出它们在疾驰的时候四蹄可以同时腾空。"放大技术将原本混淆不明之物变得更清晰，也由于这项技术的运用，物质显现出新的结构；速度的放慢使我们原本已知的动作形式更为突出，不仅如此，还发现了完全不为人知晓的其他形式。"❶那些人们在日常状况下难以用肉眼观察和分析的景象，如今影像技术可以轻捷地摄取。"快速摄影、放大拍摄——将那些一般情况下无从获知的瞬间和微小事件展现在人们面前。通过摄影人们才了解了这种日常视觉无法看到的东西……那些若隐若现地栖居于最微小物中而只能在梦幻中去想见的图像世界。"❷在奔马照片之后，摄影家们又拍下了海鸥飞翔（朱尔斯·马雷）、男人立定跳远（托马斯·艾金斯）等系列动作的照片（称为"动体摄影"），用摄影技术揭示出许多运动的奥秘。现代精巧的影像技术拓开了超越人们日常认知的视觉范畴，把人们带入了从未目睹的新奇的幽微境界之中。

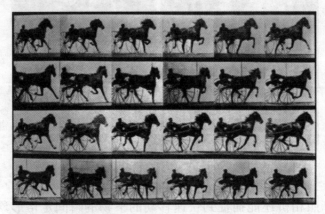

图3-3 《奔马》（穆布里奇摄）

❶ 赵晖.电视——文化的诗意栖居[J].现代传播，2005（2）.

❷ 钟丽茜.本雅明论摄影技术与纪实影像的先进文化功能[J].现代传播（中国传媒大学学报），2011（6）.

除了上述近乎科学认识的功能外，拍摄人的形貌、神情等的照片也会诱发另一种"认知"兴趣，这种兴趣与观看绘画的感觉不一样。本雅明通过欣赏照片《纽黑文的渔妇》，认为"极端的精确性仿佛消除了照片的图像特质"。《纽黑文的渔妇》是英国艺术家希尔19世纪50年代拍摄的，照片中的真人真物非常逼真，给本雅明以呼之欲出的感觉，也让他情不自禁地想去认识和寻遇它们。即使到现在，一个半世纪过去了，照片中人物看起来仍然非常逼真，并没有因为传统摄影技术没落而消亡。拿绘画来作比较，人物肖像画在一个半世纪之后，欣赏者关注的重点可能不是画中人物的具体身份，而是转向对画作的技法、风格等进行重点品评。然而欣赏一幅一个半世纪之前的照片则不同，照片中呈现的活生生的真实感，仍能唤起欣赏者询问照片中所呈现的"时空""人物"等的热情。由此可见，摄影艺术通过极其精确的技术，赋予照片神奇的认知价值，那就是真实的时代感和临场感，这种真实是绘画远不能企及的。

　　影像技术对纪实艺术领域的巨大拓展，唤起了美学理论对"艺术与真"这个古老话题的重新评估。在现代性审美中原本走向式微的艺术"认知功能"又在影像艺术中复活，并且逐步展开了广阔而迷人的前景：从早期的微距摄影、放大照片到"动体摄影"，再到晚近种种更发达的科技摄影，应用于地理学、医学、天文学、生物学等多个领域，摄影技术的发展不仅将人们带入幽微且神奇的境界，也将人们眼球所不能企及的宏观景象展现出来，这是一片传统艺术和科学都不曾深入过的地带。19世纪的照片系列如穆布里奇的《动物的动作》、布洛斯菲尔德的《艺术的原型》（植物照片）、斯蒂格利的《天空之歌》等从不同角度、题材方面呈现了自然之奇妙与美丽。而20世纪的影像作品则更为丰富：*Discovery* 系列影片展示了从爱琴海古文明到丝绸之路历史文化、从巴拿马运河到西藏禁地的风情；也带领我们认识了鳄鱼、羊驼、黑猩猩、犀牛的野外生活。雅克·贝汉导演的"天地人三部曲"中，《迁徙的鸟》（天）以开阔的视野、荡气回肠的高空航拍，走遍50多个国家的175个自然景地，展现了候鸟迁徙的神奇壮美景象；《微观世界》（地）则用微距摄影将观众带进一个小宇宙，镜头对准草原生态群落中的昆虫们——螳螂月下展臂，蜻蜓飞飞停停，蜗牛拥抱交配，蚂蚁触须"对话"……精妙清晰、纤毫毕现的奇观记录，展现了一个让人惊叹的微观天地；而《喜马拉雅》（人）则记录了喜马拉雅高原上尼泊尔藏族部落的风俗与地貌，展现了极端恶劣的环境中藏人与自然既艰难对抗又和谐相处的景象，在壮美雄浑的景观中凸显出人的坚韧精神，以及对生命与自然的崇敬……此外，优秀的纪录片如《天地玄黄》《水下印象》《亚特兰提斯》《人体漫游》等，均从非常独特的角度呈现了世界不同地域神奇幽远的景致与秘密。20世纪洋洋大观的精彩影像作品，给现代人带来的"求真"快感源源不竭。因此，艺术之"真"的维度重新坚挺，并被提升到一个更广袤深远的境界。

由于影像艺术对观众的培养与"驯化"，20世纪人们看世界的方式逐步由"自然观看"过渡到"摄影式观看"。摄影机不仅拓展了人类目力的观察视野，也开拓了人类的智力空间。原本各行其道的科学和艺术在影像技术提供的平台上走向了融合，19世纪末，摄影的艺术发展与科学探索融合产生了电影，从电影产生后的100多年发展史来看，摄影与科技的融合促进了电影的一次又一次的变革。尽管影像艺术（尤其电影）一方面是神奇的造梦机器，用虚构故事为现代人营构了许多绚丽梦境，但另一方面，影像艺术从诞生之日起就"带着一个显著的胎记，那就是纪录"，对真实的"再现"与对情感思想的"表现"，就像"火车下面两条平行的铁轨，一直延伸至今，抽掉其中的任何一根，列车都会颠覆"。影像技术使人类的视觉艺术进入一个崭新的纪实时代，记录和展现真实世界的艺术行为焕发出前所未有的活力。

二、艺术观测领域的拓展

摄影机的出现，极大地拓展了人类认知世界的范围，将世间景物从其现实流变过程中摘取出来，聚结为能够固定、放大、快慢播映的影像，让我们得以凝视和分析它们，并且促生了许多"看"世界的新方式。世间许多原本熟视无睹的事物被揭示出隐匿的陌生细节，事物的表象之下呈现出精妙复杂的构造或潜藏的动因。可以说，摄影机"用神奇的镜头探索平凡的地方，如此电影一方面让我们进一步了解、支配我们生活的一切日常必需品，另一方面也开拓了我们意想不到的广大活动空间"●。除了摄取外在景象，摄影机也帮助我们获得了大量心理分析的素材，通过记录下意识动作、凝固行为体态、放大"微表情"等技术方法，20世纪的影像艺术家乃至心理学家获得了许多关于人类精神世界的新认知。摄影机的"捕像"能力

传统绘画坚持"距离产生美"的原则，总是保持一定的审美距离来描绘事物，影像艺术逼近现实，做最切近的摄取，通过特写、停顿、慢镜头等技术，传统美术的全景法则逐步被抛弃，摄影机突破了自然视角，并借助技术力量夸大、凝固或割裂时空，这是一种"对熟悉事物的祛秘，一种严格第二节说起来属于认知性质的祛秘"。在此基础上，影像作品产生了传统艺术未曾具有的种种功能，能够详尽展现人们不经意间的体态与微小动作，呈示出不自觉的下意识行为。与绘画相比，电影更精确真实——绘画模特的身姿神情常常是"摆设"而成，已预先调节为合乎规范、理性优雅的姿态；而摄像机却常常可能捕获到人物无意识情况下展露的表情动作。与戏剧相比，电影能以特写手段孤立地突出个别元素——戏剧因受舞台表演的限制，一方面观众与演员相距太远，无法捕捉其眉眼间微妙的悲喜神情，另一方面戏剧表演不可能出现影视片的慢放、定格等行为，演员的动作瞬息而逝，无法特意放大以凸显个别部分。相比之下，只有影视作品最擅长展示可供精细分析的影像，让观看者析理出人物的潜在意识，摄影机对于艺术可以说就是心理的显微镜。我们常常在影片中看到某种特写：一闪而过的慌乱眼神、心手不一的动作、颤抖地想拿打火机的手等，都蕴含着人物的内在情绪及心

● 杨玉珍.本雅明的艺术生产理论评析 [J].河北大学硕士论文，2006（6）.

态——摄影机不仅是物理现象的放大镜，也成为心理现象的显微镜，帮助我们深入观察精神世界的潜在深意。

20世纪40年代，英国电影悬疑大师希区柯克著拍摄了一部名为《爱德华大夫》的电影，他把弗洛伊德精神分析学灌输在影片的整个故事中。精明的心理学医生通过人物不自觉的动作、偶然口误等来分析其潜意识，治愈了一位有深重童年情结的病人，顺带破获了一起犯罪案件。在影片中，男主人公约翰·布朗每当看到白底色上有条纹状的东西就会紧张失措，经过心理医生分析，这起源于他童年时在雪地里长条形的阶梯上误伤自己的弟弟（致死）留下的严重心理阴影；而杀害爱德华大夫的真凶莫奇森则因无意间的一个口误暴露了自己，被细心的心理医生彼德森发现端倪，终致真相大白。这部电影在当时轰动一时，它促进了广大观众对精神分析的理解，唤起了人们通过影像去观察他人的微小动作、瞬间表情等的好奇心。从此大众开始领会到，电影已将艺术的纪实领域扩展到人类内心深隐的幽暗之处。"人们从电影中可以捕捉到其他现实：事件发生的动力和动因。"尽管《爱德华大夫》这部片子本身有一定"僵化图解"弗洛伊德学说的痕迹，但它对后来的精神分析电影产生了巨大的影响，此后几十年间，类似的影片层出不穷（见图3-4）。

图3-4　《爱德华大夫》剧照

（一）影像录播与微表情观察

作为极其灵敏仪器的现代摄影机，犹如外科医生的手术刀，深入到人类生活的肌理之中，剖析活生生的生活细节。摄影机首先能够直接捕捉到人的"微表情"，亦即在离人的脸部极近的情况下观察到的表情，这类表情最短的持续时间可能只有 1/25 秒。一般来说，微表情是人对外部世界刺激产生的直接真实的情绪流露，假若人们想要掩盖这种真实反映，就会用其他强制、假装的，符合社会礼仪要求的表情来替换它们。理论上，这种表情凭肉眼也可以看到，但是由于社会礼仪的限制和我们的注意力不可能永远高度专注，这些表情经常会被遗漏和疏忽。但它们却能被摄影机轻易地摄下、放大、重播、停顿，供我们仔细辨别，于是有可能发现表面掩饰下的另一层真相。

在较早的影片里，如爱森斯坦的《旧和新》中，就展现了一位人格复杂的牧师，他的面孔乍看上去俊美高贵，偶尔也狡诈平庸，但最终，摄影机"仍然从他那一直令人厌恶的脸上揭示了他的几乎看不出来的温柔善良的品质。摄影机穿透了面相的多层表皮，揭示了隐藏在其后的面孔，表现了人的故意做出来的面部表情的后面那张既不能改变也不能控制的真实面孔。从这么近看，面孔简直变成了文件档案，就像文字对于笔迹学者那样。"

而 2009 年首播的美国心理电视剧 *Lie to me*（《别对我说谎》）则更直接地展现了心理学家如何利用影像资料详细分析罪犯们的微表情，从而在审讯与侦探中判断他们是否说谎。这部电视剧根据真人真事改编而成，多数故事都以现实案例为基础（这更说明了现代影像技术记录人的无意识情绪的强大功能），其中对影像技术最常见的运用，就是录影，以及对影像（主要是人物的面部表情）的放大、停放、慢放处理，主人公——专门研究人类"微表情"的科学家卡尔·莱曼博士多次将嫌疑对象的眼角、嘴唇等重点部位进行放大，仔细研究其应激反应下的纹路趋势、肌肉走向，从而分析出其内心是真诚坦荡还是惊慌、恐惧……譬如在电视剧第一集开头部分，卡尔博士审问一个图谋炸掉黑人教堂的恐怖分子，要他说出到底想轰炸哪个教堂，但该嫌犯顽固抵抗，在整个询问过程中一言不发。卡尔只能用猜测法：逐个说出不同街区的教堂名称，观察犯人听到每个名字时的表情反应。起初几个没有猜对，疑犯嘴角有极小的耸动显示出惊喜或不屑，其微动作持续不到 1/5 秒；而当卡尔终于猜中爆炸地点时，疑犯眼角出现微小的抽动，是他内心惊讶与失落的一丝微痕……整个过程被高清摄像机录制下来，再经过放大与逐帧慢放、停顿，这些微小的表情清晰地呈现在研究者面前，昭示出谎言与真相的分界线。

（二）人物动作与潜意识

除了表情以外，很多电影镜头摄下的人物动作也体现了角色的"无意识"心理。电影是"无意识的产物，即那个不被理性所控制的、丰富多彩的、有巨大能量的心理世界的产品"。

澳大利亚电影《悬崖下的午餐》就是一部深谙心理与动作关系、并设置了种种景象暗示人物潜在心理的影片。电影讲述的是 1900 年的贵族女校生活，学生们早上起床后，三四个女孩排成一列，互相帮忙为前面的人系紧内衣的严密绳扣，这种紧身胸衣是古典时代一种相当束缚人的衣物，但每一个女孩一边自己忍受着令人难以喘息的束缚，一边将排在前面的女孩衣绳紧紧系牢，这个"连环扣"景象暗喻了臣服于那个时代文化下的女性自虐及虐人的情结。另一个镜头是一个女学生将一枝新鲜玫瑰放到特制的两块木板夹中，想把花儿做成标本，这幅两端装了齿轮旋钮的标本夹将那朵饱满鲜灵的花儿覆没了，压成一枚失去生命的展示物，而女学生自己，其实也就像是这个培养"淑女"的学校里一朵正被塑造成枯萎刻板的"社会标本"的花儿，女孩与花在潜意识中形成了一种对应关系。影片女主角米兰达刚出现时与其他年轻女孩一样优美娴静、纯洁温柔，但她在野餐时的几个小动作泄露了她性情的另一面：满载着女生的马车驰到山崖下，一道带锁的栅栏拦路而设，米兰达当先去打开门链，解开铁扣后她仰望天空，神往地目送一群鸟儿昂然飞过；到了悬崖下，米兰达为大家分蛋糕，她不像一般女孩那样娴雅地缓缓切入，而是像刺入假想敌心脏一样紧握切刀用力刺入蛋糕。虽然这些动作与她表面上的淑女风范大相径庭，却暗示出由于维多利亚时代学校教育的压抑所造成的心理扭曲，并流露米兰达反叛、破坏、逃逸等情感欲望。摄影机打开了一个米拉达心灵世界及无意识世界的窗口，便于我们更全面、更真实地认识米兰达。在人尚未意识到自己的分裂现实之前，电影就将它表现出来了。由此可见，电影是本能和情结能够生存的地方，是人的意志被掩盖的地方。从这个意义上说，影视艺术家和心理学家认为电影绝不只是娱乐或消遣之物，我们从影像作品中可以发现许多生活事件隐含的动力和原因，影像记录将成为现实真相的一种深度再现（见图 3-5）。

图 3-5　电影《悬崖下的午餐》剧照

第二节　新时代影视艺术的现代特征

一、叙事方式与现代艺术

美国都市社会学芝加哥学派认为，现代都市已经超越了物理空间载体的范畴，越来越成为人类属性的表现形式，它包含着人类本质特征，都市的空间分布在某一程度上是人类社会关系的表征。通过对电影中都市物象的深入解读，将最具象物化的形式与最深邃细微的精神变异连通起来，我们或可挖掘出物质表象背后的时代本质。

人类繁忙的琐碎的现代生活为影像作品蒙太奇叙事提供审美体验基础，影视艺术又反过来影响人类生活，让观众对生活进行拼接组合式体验的能力巩固和加强，生活与艺术产生互动关系。影视艺术通过叙事、平行、交叉等蒙太奇方式的运用，紧扣观众体验故事的感知方式与心理节奏，让观众感同身受。影视艺术为现代人提供了一种感受和认识世界的新方式——将整体事件切分组合，重塑时空——这一艺术形式更新了人们认知现实的方法。对于现代生活来说，新型体验方式是：不再静观世界，而是不断地用目光去搜索新奇的景观；不再围绕某一核心去思考和想象，而是在不断变化的时空中感受和吸纳各种时尚之美。

事实上，整个现代艺术中各个门类的作品都不同程度地呈现出上述特色。与现代影视艺术相似，破碎的外观、凌乱的色彩、零散的构图、形象的消解与破碎等已经成为现代艺术的表现特征。这当然不完全是由电影首发带动的。总体来看，应该是现代生活本身呈现出了越来越频繁的时空更替与碎片化体验，而后在艺术作品尤其是影视作品中鲜明地体现出来，各门艺术之间互相影响，普遍出现了片段化叙事、时空交错的"马赛克"表达方式。在各类艺术理论中，电影美学建构起了最成熟和深刻的"蒙太奇"理论。如果说在20世纪早期各门艺术主要是因为现代生活本身的催动而呈现或多或少的蒙太奇特色的话，在 20 世纪后半期，则主要是由于影视作品最显著地体现出这一审美特色，以及影像作品成为大众接受最广的艺术，使得"马赛克"式审美体验反向影响大众审美以及其他艺术门类的表达，推动这种表达方式蔚为大观。散片化、非连续性已经成为 20 世纪艺术的普遍特征：叙事作品的叙述方式普遍出现不连贯、快节奏、情节突变、多线索交织等特征，非叙事作品（如绘画、雕塑、音乐等）也在形貌上出现片段化、交错穿插的特点。

（一）各类艺术中的马赛克表达方式

自 20 世纪以来，绘画艺术中出现了许多"马赛克"式拼贴重组的画面……在过去的 100 多年中，绘画中的每个部分都逐步被分解和重构了，包括色彩、光、颜料、形状、线条、空间、画面布局。印象主义画家首先将光线表现为细碎的色斑；然后，表现主义画家如凡·高"把破碎的色彩变为破碎的颜料，……他用猛烈破碎而富有韵律的笔触来反映自己内心的骚动"；立体派画家通过对透明的平面和外观进行分解和任意组合来敏锐地反映现代生活的不规则和多样复杂性。在毕加索的名作《格尔尼卡》（1937 年）中，更多原本完整的事物都被切割重组了：在画面中，映入眼帘的是分离的牛头与牛身以及四散悬浮的人的肢体，画面正中马头在嘶鸣、而马蹄却矗立在画面右下角……毕加索通过将打破和重组各种物象的画面来表现德国疯狂轰炸西班牙小城格尔尼卡所造成的破坏与创痛，像是在二维平面上实现了一次蒙太奇组合（见图 3-6）。与此同时，未来主义画家们也在做新的尝试，他们希冀通过绘画艺术来表现物体的不间断的整体运动，于是，他们在画幅中绘制许多透明重叠的物体外形，在视觉效果上让观众感觉物体在做穿越空间的运动，这就与电影中的影像叠合效果非常相似了。此后，超现实主义画家又描绘了另一种分裂组合形式，他们以"梦幻创作"来打碎时间序列，把彼此无关的人与事件组合在一起，从而传达出人类无意识状态。达利的著名油画《西班牙内战预告》（1936 年）便是超现实主义的一个经典作品，他想要表现战争对世界的破坏、对人心的撕裂，笔下便画出了梦幻般挣扎分裂的形象：画面上方是一个躯体支离的人，头顶蓝天，脖颈下面没有身躯而是一只手臂，这只手弯曲按下，底下是另一具无头躯壳，这具躯体的双腿部分却是两只粗壮的手，其中一只又伸向上握住了上方那人的躯干，而地上散布着零落的内脏……达利就用这分离错乱、狰狞惊人的景象，表达战争前夕的惊恐心情。此后，超现实主义画家们又打破了传统的透视法与距离感，常常采用"从上下远近不同角度看到一切"的视角，这是"20世纪在一个凝缩时刻从不同方向接近物像的欲望"，这种视点很像是从飞机上俯览大地的经验，也与电影的全方位视角非常相似。

图 3-6　毕加索《格尔尼卡》

　　音乐方面的变化没有其他门类那么显著。但是现代音乐尤其是实验音乐也明显地出现了不连贯、不谐和的特征。相对于从巴赫到贝多芬的经典古典音乐作品来说，现代音乐中出现断裂、刻意不和谐，甚至故意设置噪声杂质的现象俯拾皆是，与传统音乐努力创作连贯、和谐曲调的追求形成鲜明对比。

　　在戏剧领域，则明显地出现了越来越多断片连缀与时空重组的作品。德国戏剧理论家布莱希特提倡戏剧的"间离"效果，以帮助观众避免过度的移情，理智地去思考剧中事件。为了实现间离效应，其方法之一就是故意切断连贯发展的情节，插入其他时空的人物与事件。布莱希特在自己创作的《措施》和《高加索灰阑记》两部戏中，都特意在表演中设置"合唱队"或"民间歌手与乐队"，以歌唱来分隔情节和点评事件。这种梯间式的分散组合方式受到本雅明的赞赏，他在论述布莱希特的现代戏剧时就排斥线性叙事，主张打碎完满整体、重构碎片以呈现新的意义。传统戏剧刻意追求的情节一贯性与情感连续性，在现代戏剧里被大面积打破，时空片段的穿插与交织渐渐成为常态，体现在表现主义、未来主义、存在主义、超现实主义等各流派的戏剧作品中。上述特征在东方现代戏剧中也有大量表现：中国台湾著名戏剧导演赖声川的作品《暗恋桃花源》中，故意将"暗恋"与"桃花源"两部不同时代、不同情节的故事置于同一舞台上，互相间隔穿插，在貌似荒诞可笑的情节伸展中，两个时空却暗生关联，到结局部分，古与今、滑稽与悲情、爱情与背叛等元素奇妙地交织统一起来，升华出感人至深的意境。

更多的创新改革体现在现代小说和诗歌中。早在20世纪之初，差不多与电影诞生在同一时间，柏格森与威廉·詹姆斯已经提出了"意识流"理论。随后不久普鲁斯特的《追忆似水年华》、乔伊斯的《尤利西斯》、福克纳《喧哗与骚动》等意识流小说相继面世，时间和空间体验在现代小说中产生了迥然于传统审美的特征——一元化单向流逝的时间开始显得单调，文学家放弃现实主义叙事，转向了"心理时间"的表现。意识流作家打破了时间线性流动，新的时间维度存在于时间的广度、深度及流动的方向上。普鲁斯特在其鸿篇巨制《追忆似水年华》中，创造了大量将"过去、现在和未来"叠合起来的时间体验，以书中著名的"玛德莱娜小点心"段落为例——主人公在"现时"中体会到一种与过去某段经历非常相似的审美体验，在回忆过往与感受当下的心理交织中，将过去与现时的体验融合在一起，创造了一种更丰富和深邃的时间感。这种"叠合"体验后来在许多影视作品中以影像的重叠方式出现，以表达"时间浓缩"或心理印象"互渗"的感觉（而在这方面，视觉的同时迭现往往比文字的先后陈述更加便利）。在诗歌领域，法国诗人波德莱尔以大量诗歌表现了都市生活中意想不到的瞬间偶遇、游荡于街道时眼前迅捷变换的景象、突如其来的事件造成的震惊等。本雅明非常欣赏波德莱尔诗歌的"现代性"，在本雅明心目中，现代艺术家的形象应当如波德莱尔一般，是一个浪荡子或拾荒人，他们游逛于都市的各种空间中，领略和展示现代生活的种种碎片，显现其偶然、短暂、流动、意外之美。此外，像艾略特的长诗《荒原》、福克纳的小说《喧哗与骚动》、伍尔芙的小说《达罗卫夫人》等，20世纪后半期大量的文学作品，均体现出了片段性、时空错置、多线索交织等特征。

即便在叙事功能不强的舞蹈、建筑等艺术门类中，类似"蒙太奇"的表现特征也有明显痕迹。现代舞的叙事性普遍比较弱，情感线索也不再像古典舞那样清晰连贯，越来越多的现代舞以自由奔放、节奏多变的动作来表达现代人更抽象复杂的内在情感。而在许多现代艺术建筑中，也出现了诸如风格混搭、条块错落等现象。例如建筑师奥斯特柏格设计的瑞典斯德哥尔摩市政厅，就是一个将多种建筑风格及手法融合而成的著名案例；由著名建筑师贝聿铭担纳的卢浮宫扩建工程，将玻璃金字塔与古典建筑做了奇特而和谐的搭配；而西班牙毕尔巴鄂古根海姆美术馆则极其张扬地呈现出断裂、切割、拼搭的外观意象（见图3-7）。

图3-7　毕尔巴鄂古根海姆美术馆

学者伊芙特·皮洛认为：蒙太奇对于现代电影之重要性，已经到了"没有可控的时间，没有时间的自由化，没有组合和重构时间单元的自由，就谈不上任何智力活动"的程度。而纵观20世纪中晚期的现代、后现代艺术，上述判断几乎也适合于其他所有门类的艺术。至此，我们也许可以总结说：源自现代生活本身的新型时空感，在各门艺术中体现为"马赛克式"的叙事方式，并且在影像艺术中得到最为显著多样的突现；影视蒙太奇的蔚为大观，又反过来加强了大众的相关审美体验能力、并催动其他艺术门类深化了这种表达方式。

（二）叙事方法与思维模式

马赛克叙事方式不仅在表面上改变了传统审美表达手法，实际上还蕴含着更为深刻的思维模式。传统艺术的叙事顺应人们观察事物的时空顺序和因果逻辑，所以很容易理解艺术作品的时空结构和因果关系。但这种观念在现代艺术中受到了挑战，并置、跳跃与叠合的时空感消除了传统艺术叙事中顺从时空与因果逻辑的惯性思维，倘若在银幕上同时看到不同空间中并置发生的事情，我们会发现很多事物的发生、延续常常源自偶然机遇，如果早先出现的人与物略有变动，后续事件便可能大相径庭。由于现代物理学的影响，人们在审美体验也逐渐摆脱线性的传统，开始相信非线性的基于"蝴蝶效应"或"混沌理论"的直观与整体感知。

著名电影《罗拉快跑》就明显地打破了"一件事只能有一种结果"的传统理念，罗拉在每次奔跑中速度或路线发生一点微小改变，援救行动的后果就发生重大改变。这部电影带来一种认识：生命没有一定之规，它会被某一个偶然变化扭转方向。而干脆以"蝴蝶效应"为题的系列电影更明白地昭显了生命事件的突发性与偶然性：有超能力的主角由于对当下生活的痛苦与缺憾不满，一次次地回到过去试图改变人生轨迹获得幸福，而他每一次都发现，一个微小元素的改变将导致其后人生诸种重大方向的扭转，人生事件并不是单一紧密的因果链条，而是一些随时会因偶然因素而蔓延至意外方向的际遇组合。

总而言之，马赛克、蒙太奇叙事手法在现代艺术中的普遍渗透并不总是破坏的象征，根据现代主义的相关理论，使用马赛克、蒙太奇的艺术叙事手法往往能对生活的某些方面进行更全面的考察、更深入的解析。在此过程中，它还不断地提供复杂且丰富的经验，通过这些经验类反思了我们的生活解释我们的世界，并获得前所未有的感知和领悟。

二、数字化影像制作的无限空间

除蒙太奇（剪辑）之外，影像制作技法的另一重要领域，就是数字技术。数字制作技术问世 30 年来，已经为影像艺术的发展带来了许多重大变革，而且前景不可限量。数字技术目前已经引发了一系列视觉体验的重大变化，即将带动一场新的视觉革命，甚至触动影视艺术的"真实与奇观""现实性与虚拟性"等根本特性的争论。电影《星球大战》的视觉效果指导者理查德·艾德伦德激动地评价：数字技术带来了"又一个文艺复兴时代"，给电影工业以广阔的发展空间，就好比一张空白画面上我们可以无限地施展才能。

（一）数字影像技术历程

在 1977 年拍摄的《星球大战》中，导演乔治·卢卡斯首次应用数字化技术参与制作，主要体现在"运动控制系统"的发明上——影片中的许多镜头需要摄影机多次以完全相同的速度、距离、焦距、焦点变化来拍摄飞船的运动与背景，后期合成才能天衣无缝，这种精确重复拍摄的要求，靠传统人力方法是做不到的，卢卡斯的团队首创性地将计算机与摄影机连接起来，用计算机精密地记录下摄影机的每一步运动和镜头参数变化，并操纵摄影机按照计算机预绘的路径去"行走"拍摄，这些技术的运用使得合成后的影像完全看不出剪辑缝合的痕迹，宛如天成。《星球大战》在票房上取得极大成功，并获得当年奥斯卡技术方面的几项大奖，这一成就激起了好莱坞研究使用计算机技术的极大兴趣。20 世纪 80 年代，随着计算机制图技术及图像处理技术的发展，电脑可以完成影片画面的绘制，无论是手绘的动画，还是真实世界的记录、演员出演的故事……一切图景都可以变成数字"0"和"1"，然后在电脑中进行复杂的修改与创制。1982 年，由乔治·卢卡斯导演的《星际迷航记

2》中，"死星"的瑰丽奇景，这一段60秒长的描绘全部由计算机来生成，这是由电脑动画技术创绘的视觉造型首次完整独立地作为一个镜头出现。从此以后，数字图像技术开始大举进入当代电影。到20世纪90年代，数字图形图像技术已相当成熟并且日渐普及，许多艺术家在个人电脑上就可以绘制设计各种各样的图像，这使得数字艺术技巧获得了迅猛发展。

今天，一部影视作品已经可以完全用数字手段来完成，例如1995年，约翰·拉塞特导演的《玩具总动员》完全是通过数字化技术来完成的。前期用高清晰度数字摄像机拍下所需要的画面，然后将获得的数字音频信息导入数字非线性编辑和后期制作系统中，进行剪辑、配音、合成，在这个过程中，如果不考虑人工或成本问题，编导和制作人员通过数字技术几乎可以任意地制作画面和声音，得到一个合成的让人满意的影视文本。

（二）虚拟世界的无限风光

数字技术一方面可以使原本为"真"的事物呈现为影像时更显真实——比如修复老旧的电影胶片使之清晰如初，或是根据史料记载复原现在已拍摄不到的实物历史场景，等等；另一方面则可以创设出现实中完全没有的假想事物——如外太空、外星人、幻想中的伊甸园或地狱、假想的各种奇异生物……甚至于影像艺术原来力所不及的一些表现领域，例如"抽象观念""意识流"等过去基本上只有文学独擅表达的思想、精神事物，未来的数字艺术或许也有可能逐步去表征或暗示。

数字技术颠覆了传统影视制作的一些基本理念：首先，摄影机与现实世界之间的天然关联被打破了——过去的影视作品（除动画片以外）获取画面的主要手段是摄影机，它摄取真实的自然景象、摄取真人演员演出的各种动作和表情，影像通过光的化学反应记录在胶片上，与实体的物质世界高度一致。摄像机与真人真物之间这种坚固的关联，造成了很长时间内（以巴赞为代表的）电影美学家们坚定地认为"摄影的美学特性在于揭示真实"。但今天，数字技术已逐步发展到能够营造极其逼真的自然景象与人物形象，酷似摄影机拍下的真实场景。例如，用数字技术制作的《泰坦尼克号》中的海难场景、《星球大战》里的太空景象和《侏罗纪公园》中的恐龙形象等，均已达到以假乱真的程度。而在真人与卡通角色共同"出演"的电影《谁陷害了兔子罗杰》中（见图3-8），电脑制作的动画形象与真人演员的互动也达到了水乳交融的地步。这一方面显示了数字技术的杰出水准，另一方面也暗示了在未来的影片中，真人演员的作用将发生变异，它很有可能不再以整体形象出现，而只需要提供一种碎片性的形声元素供电影使用：一个轮廓、一串动作、一种声音、一个表情等，这些元素都可以从一个活生生的人身上分解出来，重新进行数字化的组合……在2000年问世的电影《最终幻想》（见图3-9）中，所有人物已经全部是用数字技术来创造，计算机绘制出具有逼真皮肤和细致表情的数字人物模型，角色们的皮肤皱纹、毛细孔、雀斑、瞳孔、睫毛等看上去都和真人别无二致，行动时头发的飘动、衣服的褶皱也都得到细腻的表现——这更使得传统电影中的"真人表演"这一元素遇到强力挑战，数字明星与虚拟主持人明确地显示出未来在技术上替代真实演员的可能性。

图3-8　真人、动画混合电影《谁陷害了兔子罗杰》

图 3-9　电影《最终幻想》

　　其次，数字剪辑技术颠覆了过去的"镜头"概念，传统电影以一个镜头为一个意义单元，这种单元边界曾经被认为是坚不可摧的，爱森斯坦就坚信"镜头，作为进行构成的素材，比大理石还要坚硬"，但镜头的"坚固性"在数字技术面前也遭到了瓦解，当一切画面和声音元素都变成了可以任意改动的数字编码时，所谓的"镜头"也就变成了一个个的数据团，其界限可以任意游移。传统概念上镜头之间的"衔接"被取消，通过数字技术可以把单个的叙事单元（镜头）生成流畅无痕的"超长镜头"。这种技术在未来的电影中必将更多地出现，让我们感受数字剪辑技术达到了将四维时空连贯表达无缝连接的境界，它创造的各种奇妙的时空连续体将大大创新人类的审美体验。

　　在可以预见的未来，数字技术还将营造更为立体逼真的影像——目前普通大众能够普遍接触到的最先进的影像是"3D电影"，观众戴上特制的眼镜，观看投射在平面幕布上的影像时，感觉其中人、物都是立体的；但摘下眼镜后所见影像仍是二维。未来的科技有望达到"三维空间立体影像"，不需要特制眼镜，影像制造的人或物就在观众身边的空间立体成像。届时，电影不再需要经过银幕，观众置身于映像中，完全能够获得"身临其境"之感，可以自由出入虚拟时空。

　　理论上讲，眼下数字技术在影像创制方面已经达到"无所不能"的程度，"电脑展现了这样一种前景：传统手段能做的，它可以做得更好更完美；传统手段不能做的，它照样可以出色完成"。在数字世界里，技术人员几乎拥有了"造物主"的感觉，他们在虚拟影像世界中无所不能。这项功能卓越的技术将融入未来艺术家的心智，极大地拓展人类的视觉经验。目前，只有人类自身的想象力是数字影像表达域的限制，凡艺术家们想象所及之处，没有数字技术不能创绘的形象。数字艺术的边界仍在等待人类以智力和想象力去拓宽。

总而言之，由于数字技术对影像艺术领域的全面进入，已经改变了传统影视的语法规范，而且这种影响目前尚未定型，还将有更多的规则被改写。数字技术给影像艺术带来的震撼之巨大，以至于有学者认为"数字技术可能将导致电影史这样被重新划分：胶片电影、过渡期的数字化电影与数字电影"。未来的影像艺术前途不可估量，而在这不可尽测的前景中，数字技术对未来的审美体验究竟将造成什么影响，一言难以道尽——如果有一日数字拟像无处不在，数字技术所营造的虚拟世界将尽善尽美。

第三节　审美接受体验的现代变迁

影像媒介虽然是随着现代科技的发展产生和发展，但它不单单是一种技术产品，当然它的功能也不仅仅给人类带来娱乐和信息。根据相关研究表明：任何新的传播媒介和传媒技术的产生和发展都会给人类带来新的认知方式和审美体验，现代传媒技术产生和发展首先开拓了人们审美体验和感知方式的新视野，其次让人们感官使用比率提升并产生新的组合，最后引导人类的思维模式和社会心理发生变化。自 20 世纪中叶以来，以麦克卢汉为代表的理论家经过深入的考察与研究，敏锐地发现现代传媒技术对人类生存环境的深刻影响，提出了"技术主宰感知力、影响感觉生活"的论断。而在所有的这些现代传播媒体中，影像媒体对人类生活影响最为广泛且强势。可以说影视传媒技术在很多方面使得现代人的生活体验、感知模式和思维方法发生改变，乃至于现代人的许多生活经验均来自影视媒体这个传播"中介"，通过影视媒介认识世界的"间接体验"甚至超过了直接参与社会的"直接体验"。当然，影视媒介在带给人们便捷信息的同时，也在无形中削减了人与人之间的直接交流，现代人（尤其都市中的人们）成为消息灵通但彼此疏离的个体。影视媒体的中介性加上最新数字技术营造的逼真效果，观众所在接受影像信息过程中开始变得虚实难辨，分不清"拟像"与"真实"。而在后现代语境中，现代人的生活被过度繁复溢流的影像包围，人们也渐渐地习惯了影像所构筑的生活情境，变得懒于去探究影像的真实性与深度，影像审美成为大众生活中一种消遣娱乐。

一、媒介变迁与审美感知统合

（一）从印刷媒介到影像媒体

影像媒介在 20 世纪迅速普及扩张、遍布全球，导致了一个"图像时代"的全面降临，并强有力地威胁到文学在传统艺术门类中的首席地位。影视媒体带给现代人迥异于书刊媒体的审美方式。

首先，影视直观地展现形象、"呈现"故事，观众可以直接感知世间万物甚至身临其境，领受影像比阅读书籍要便捷容易得多。摄像技术的革新让世界的万事万物以各种新奇的视角及深度呈现出来。根据麦克卢汉的观点，"一切技术都是肉体和神经系统增加力量和速度的延伸"，由于现代影视媒介的直观性，声光色影等充斥着人的眼耳口鼻等感官，在长期的刺激中，眼睛对图像的敏感力极大提升，随着现代人视野的开拓，人们的目光可以深入前所未有的领域，视觉在 20 世纪成为最重要的审美感觉。

其次，在影视艺术的欣赏中，虽然以视觉审美优先，但是随着媒介技术的发展，听觉与触觉等其他审美感官也逐步加入。在电影产生和发展的"默片时代"，观众主要靠视觉领受，耳朵等无法参与审美活动；随着 20 世纪 20 年代末有声电影的产生及成熟，从"声画合一"发展为变化多端的"声画分离""声画对立"，声像同步放送刺激的观众的眼耳；通过眼睛与耳朵的密切配合，能让观众迅捷的领悟各种声画组合（蒙太奇）的含义。到 20 世纪 30 年代末，电影影像技术发展到成熟阶段。接下来电影技术工作者及艺术家们开始探索 3D 影像技术，经过半个多世纪的探索，3D 影像技术终于发展到成熟，近几年这项技术由《阿凡达》等影片精彩展现，赢得了人们对它的青睐。影片中逼真的三维立体效果，虽然是虚拟的立体空间，但观众触觉感知得到极大提升……影视媒介通过声光色影从平面或立体的角度直接作用于人的感官，现代人的审美感知获得重组与统合：从印刷时代传统审美感知的分裂、分工（比如读书赏画仅需眼睛，而赏乐只用耳朵）进化为多种感觉的交融。电影是一门综合性的现代艺术，既传承了传统艺术门类中文学、戏剧、绘画、音乐等所用到的表现手段，而且通过现代影像技术"在某种程度上以综合整体的新质丰富了它们"，现代观众的视、听、触觉获得有机整合，"对专门片段的注意转移到了对整体场的注意"。

再次，影像技术的革新以及影视作品的艺术手法的应用，让现代人习惯了"马赛克式"的审美体验。电影"蒙太奇"的思维方式与表意方式，影片的片段化、多线索交织的叙事呈现，契合现代人繁复且快节奏的生活方式，使得观影者逐步习惯了时空跳跃、叙事碎片化的审美体验；1936 年电视诞生，很快地进入大众家庭，它的节目播放构成一种影像"流程"（雷蒙·威廉斯语）——电视屏幕上日夜滚动出现各种节目：新闻、歌舞晚会、娱乐、电视剧、广告、动漫、MTV、纪录片……交错的电视节目、迥异却环环相扣的节目内容，类似于电影"蒙太奇"的"片段流"，只是其各个断片并不像在单部电影中那样相互关联组成故事，电视节目给观众的感觉更为碎片化。上述传播模式"驯化"了大众的接受习惯之后，便暗中改变了人们体验世界的方式：印刷时代书面字符培养出来的同一性和同质性思维逻辑，被电视马赛克的网状结构渗透改变。现代人已经习惯与用非线性的零碎化、片段化"马赛克"方式去感受和领会艺术乃至现实生活，传统时代的专门化、逻辑化的审美方式相比较，这种体验世界的方法更能契合繁复的零散化的现代生活。

（二）线性逻辑与蝴蝶效应

传统的遵循因果关系的逻辑化思维也因为受到现代影像叙事的影响：现代人不再局限于沿着一元化时间去看待事件的发生、发展，而是习惯于接受事物多线程、多时空来事件并行的方式来呈现，单点透视的空间被多元共时的空间取代，过去人们相信的"一件事情必定由唯一因果链决定"的观念就很容易被打破。近年来许多电影开始展示非线性、多线程思维模式，例如在《大象》（2003 年）中，观众很容易产生一种感觉：如果某个人不在那一时刻恰巧来到暴力现场，他的命运就会完全两样，看上去是许多偶然因素决定了所有人的好运或噩梦——如果约翰逃课成功没有被父亲逼着回校上课、米雪儿晚一点去图书馆打工、三个女生没有在洗手间延留、伊莱亚斯一直待在冲印房不去阅览室……任何一个小小的元素的改变，都可能导致结局的重大差异。从这样的影像呈现看去，人生的很多重大转折并不是由某种唯一必然逻辑决定的。

早在 1959 年，戈达尔在其代表作《筋疲力尽》中，就用独特的"跳接"方式，在连贯镜头中插进其他画面，或将一个连续运动中的两个不连贯部分剪接在一起，这是较早的突破连续性与因果关系的尝试。戈达尔故意遗弃人物行动的逻辑性与完整性，使他们的行为显得率性偶然、突如其来，他认为：生活本身就不是根据事先安排的顺序演变的，而且方向也不确定。观众只能看到男女主人公行动了，但不知道他们为何如此选择。近些年，西方电影里出现了更多显现这一思路甚而特意表达这类理念的电影，如《撞车》（2004 年）展现了不同地理空间、文化空间、阶级空间中多组人物的共时生活，因为许多偶然际遇的交织，他们的人生轨迹发生碰撞，衍生出或悲或喜的结局。到了《通天塔》（2006 年）中，相距遥远的东西方三组人物，更是因为极其微妙的因素而产生奇特的命运交织……在这些叙事中，观众基本感觉不到单线的逻辑必然性，一切都像《蝴蝶效应》（2004 年）所要揭示的那样，一只热带蝴蝶振动翅膀，便造成了遥远国家的飓风。因此，我们能深入感受到"电影艺术臻至完美的基础是它创造关系体系的能力，是它创造相对复杂的关系网络的能力"。

（三）审美感知的整体统合

影像媒介带来的审美感觉的统合，使得人类的全面感知能力得以复活。关于全面感知能力，是人类的一种整体经验，这种经验可以撇开语言和句法、直接借助表情姿势体态来获得，按照麦克卢汉的观点，这是一种源于原始部落初民式的弹性感受能力。而由影像媒介带来的种种整体感知当然不是原始的整体感知的简单回归，而是审美经验积淀后的一种螺旋上升式的回归。视听感知方式对于人类心智的发展原本也是相当重要的，但书写方式在文化等级中占据了"高等"位置后，"其所付出的代价便是将声音与意象的世界发配到艺术的后台，专门处理情感的私人场域与礼拜仪式的公共世界"，于是"视听文化于 20 世纪展开了历史性的复仇"❶。在长期的读写文化造成人们较为单一的感知惯性之后，电影又重新带引我们进入全面感知的情境当中。其实早在影像艺术流行之前，传统艺术中就已经出现感知融合的先兆：比如象征主义等艺术流派追求"通感"手法来感知世界，称"整个世界是一片象征的森林"，把不同感官的感觉沟通起来，借联想引起感觉转移。努力在各类艺术作品中将多种感官融合起来，这证明经过长久的理性主义统治，"经过千百年的感知分裂之后，当代的知觉必须是整合的、无所不包的"。20世纪以来的美术、音乐、文学运用异质性、综合性的表现手段，探索突破传统的单一感知模式。而影像媒体最明显地以强烈的感官刺激和全方位的感知融合去创建复杂和密集的审美体验。在影像媒介的强力影响下，人类的精神实践重新回复／上升到多侧面、综合性地感知世界的模式。

就影像艺术本身的发展来说，为了更真实地获得新奇的效果，"高清晰度"和"高饱和度"是影像艺术不断探索的技术要求。电视亦是如此，从最初只能播映模糊黑白影像的机器，进化为图像清晰亮丽、声音丰富立体的媒介，基本上亦步亦趋地跟从着电影。上述情况，说明了当代影像艺术越来越重视为观众提供精密的、丰富的、全方位的审美感受。也可以说，影像制造者们通过现代影像技术给予观众更多直接的"现成"感受，征服观众所有感官到最周密满溢的境地，而在这个过程中的观众则逐步撤退了对色彩、声音、透视、气味的主动思索和想象，只需要张大眼耳口鼻尽情享受。从这个角度来看，在影像媒介与现代人的互动中，"电影以明确的形式表现了人被机器操纵的实际情境。"当然，观众的想象力也并非只是单纯的"撤退"。如果更全面地考察这个问题，影像媒介呈现给观众提供"直接感受"的情景，习惯这种情境的接受，当代观众的想象力便从"直观感受"的领域逐步撤出。当然，观众的想象力并非没有用武之地，当直观的影像画面不再需要想象力去参与时，影像艺术便对自身的表意能力和观众的解读能力提出了更高的要

❶ 钟丽茜.电影艺术的"感知统合"式体验及其深层特征[J].南方文坛，2014（1）.

求——影像艺术中潜藏的内蕴、具体图像所表达的抽象含义挑战人们的想象能力；所以，在影像艺术的欣赏中，观众的想象力则基本撤出了直观图像的感知域，转到图像背后内蕴更丰富、表达更隐曲的意义领域。

（四）影像表意的广度与深度

首先，电影影像的多层次视像叠合特征是文学无法企及的。视像叠合就是让众多事物、人物或事件及其细节共时呈现。即便电影展现的只是一片诸如树林河流这样的风景或者像街头行人那样的都市景观，它所呈现的信息量很丰富：山的形状、树的样子、叶的颜色、人的外貌、衣着以及他们的举手投足顾盼神飞等细节，都会直观地呈现在观众的眼前。如果用文学手段表达丰富的细节，那就颇费时间和笔墨了，需要长篇铺陈和描述。例如，写作速度快、文字运用晓畅的著名作家巴尔扎克在描绘《高老头》中伏盖公寓时，也颇费心思，用了很长的篇幅才对伏盖公寓做了较为详尽的描绘。要是换上摄影机去拍摄，十几秒就能完成。电影瞬息之间表现的画面，在文学上往往需要好几页文字才能描绘出来。还有更复杂的例子，比如《公民凯恩》（1941年）（见图3-10）中父母将儿童凯恩托付给别人领养时，通过多层次的景深镜头来呈现：前景是凯恩的妈妈丝毫不带伤感且冷静地与收养人签署协议；中间是舍不得儿子离开却又对妻子束手无策的凯恩懦弱的父亲；而后景是窗外丝毫不知情而正在玩着雪橇的小凯恩。观众通过同时呈现四个人物的景深镜头，能够直观地了解他们之间的相互关系，产生较为复杂的情感回味，同情小凯恩，谴责他的母亲等。此外，与景深镜头不同，电影还可以通过切分屏幕画面的方法来更直接的表现影像叠合。比如将屏幕切分为几个小的画面，每个画面中展现某一个或某一组人物的行为，整个银幕通过几个切分的画面同时展现几组事件的进行状况，《大象》《低俗小说》等影片中就采用了这样的方式来表现影像叠合。不同时空画面的共屏呈现，更为直观地展现不同空间、不同人物的共时关系。由上可见，电影的影响叠合"叙事"打破了传统文学中常见的线性逻辑叙事，让发生在不同时空的事件共时且多线程呈现，这样的叙事方式也常常将现代观众带入共时叙事的情境中，而且逐步形成非线性思维的习惯。

图3-10　电影《公民凯恩》剧照

　　其次，声画对位到声画分立的表现手法。电影艺术的发展经历了从"声画对位"到"声画分立"的发展过程。在有声电影的发展早期，一般采用"声画对位"的模式，观众听到的对话或自然物就是画面上出现的对话场面或自然景象。后来，导演们有意识地引入与屏幕画面有反差的声音让观众的视听感受产生错位和分裂，从而造成隐喻、反讽等效果，这就是电影艺术的"声画分立"。美国著名导演库布里克就是一个喜欢运用声画分立手法的高手，他在《发条橙》（1971年）中就成功地应用了声画对立的表现方法。他通过几组镜头把反差极大的音乐与画面结合起来，将传统名曲与血腥、暴力、淫乱的画面并置一处，给观众带来强烈的视听反差。全片以多处"声画分立"的设置造成极度分裂的审美效果，把观众耳熟能详的严肃音乐与荒淫残暴的画面相结合，造成陌生化的审美效果，引导观众对恶行进行强烈的嘲讽并对邪恶人性表达深切的绝望。

　　再次，电影视听意象与通感手法。电影作为一种视听艺术很难在嗅觉、触觉及味觉方面为观众直接提供审美感受。但是许多电影为了让观众获得触觉与味觉的"想象性"感知，尝试着通过具体的逼真的影像与声效来营造通感效果。近几年通过 3D 技术在银幕上制造立体空间感，让观众在触觉方面有了更为亲近的感知。以汤姆·提克威导演《香水》（2006 年）为代表的电影，也通过画面的通感效果和颜色的暗示作用营造出"气味"的感受，在观影过程中的观众仿佛也能感同身受。通过摄像机的独特运动配以浓淡合宜色彩，这部电影表现出明显的嗅觉通感效果。在该影片开头，摄影机站在格雷诺耶立场模仿了他的呼吸与探嗅，以主观镜头方式，贴近地面快速掠过丛林和小溪，并伴以飞掠林间的"嚓嚓"气流声，来凸显童年时代的格雷诺耶超凡的嗅觉能力。影片中的另一个镜头：格雷诺耶登上山顶，摄像机高空高速旋转拍摄，辅以强风的呼啸声，营造出山峰之上疾风回旋的感知效果，让观众真切感受到格雷诺耶在大风中吸纳山岚气息的嗅觉感知。影片在画面色调上也很讲究，使用印象派近似油画的浓郁色彩，且通过各种冷暖色调的转换渲染，很好地配合情节暗示了"气味"的郁烈、清新、淡雅、芳醇等效果。

最后，幻象与潜意识心理的应用。即便现代派文学在展示人类的梦境与潜意识方面已经达到了很高的艺术水准，但是与电影展现梦境、潜意识意象等人类深层心理意识相比较，还是有较大差距的。人类的梦境中的事物一般表现为模糊的意象而非抽象概念，而潜意识心理总存在于人类处于清醒与混沌之间的模糊地带，也常以特异、变形的意象浮现，作家很难以确切的文字去描写人类的梦境与潜意识。而电影通过导演构思和特技手段可以营造各种奇幻景象，凭借这一特长，人类各种深邃、神秘乃至阴暗、恐怖的心理深层空间可以在影视画面中呈现。从《爱德华大夫》（1945 年）到《灵异第六感》（1999 年）、《蝴蝶效应》（2004年）、《忧郁症》（2011 年）等电影，都是营造梦境的代表。拉斯·冯·提尔借《忧郁症》这一电影展示了一位重度忧郁症病人的心理状况。由于导演拉斯·冯·提尔自己也曾经多年受抑郁症的困扰，对主人公形象的塑造可以说是现身说法，非常了解此类病人的心态与想象，在影片开头的 8 分钟里导演就通过一系列意象的组接来贴切地展示忧郁症患者的心理幻象：站在旷野中女主人公贾斯汀，身后死去的黑色鸟儿尸体，一只只缓缓落下；被雪覆盖的山坡，枯败的落叶，飘摇坠地；太空，一颗巨大的暗蓝星球慢慢移动；深夜草地上，一匹黑马哀嘶着失足倒地；贾斯汀穿着白色婚纱在树林里奔跑，双脚和婚纱裙裾却被树根缠住……可以说，影像语言比很多教科书更形象地诠释了人类许多难以诉诸文字的深层心理情境。

电影被称为第七艺术，是最年轻的艺术之一。在产生面世之初，电影被卢米埃尔兄弟当作娱乐或纪实的工具，在审美对象中处于较低的层级，当时许多人认为"高级"的美学只应以书籍为载体。20 世纪 30 年代，经过梅里爱、格里菲斯等导演的努力，电影发展成为年轻的艺术门类。而在今天，影像媒介囊括了对一切文化的表达，无论下里巴人还是阳春白雪，无不力图在影像中展露自身。"视觉文化在过去常被看作是分散了人们对文本的历史之类的正经事儿的注意力，而现在却是文化和历史变化的场所。"时至今日，不仅是审美呈现还是哲理意蕴，都能通过影像来传达。在伯格曼、安东尼奥尼、基耶斯洛夫斯基、黑泽明等导演的影片中，观众通过影像表达就能体悟到形而上思考和哲学理念。伯格曼在《冬日之光》《第七封印》中，对基督宗教信仰提出了质疑；安东尼奥尼《云上的日子》以短片连缀的形式，对现代人的种种不同情感心理类型作了区分和探讨；黑泽明的名作《罗生门》明显地展示了"人性难免自私与自我美化"的哲理；而基耶斯洛夫斯基通过其系列影片《红、白、蓝》分别探索了"自由、平等、博爱"三大主题，此外，在《七宗罪》《十诫》《搏击俱乐部》《黑暗中的舞者》《纽约提喻法》《合法副本》等影片中，我们也领会到种种宗教律令、精神分析规则以及生活哲学的具象展现……在可以预见的未来，日益发达的影像技术将帮助艺术家更灵动地表达更深奥、繁复、曼妙的情感与哲思。

相信在不久的将来，日益发达的影像技术将帮助艺术家更灵动地表达更深奥、繁复、曼妙的情感与哲思。

二、消遣氛围与消极认知

随着感官刺激成为常态，再加上审美移情变得快速轻巧，观众在观影过程中的审美体验也随之发生深刻变化，已经迥异于传统时代、印刷时代。"每一种媒介都为思考、表达思想和抒发情感的方式提供了新的定位，从而创造出独特的话语符号。"

随着叙事方式的深刻变革，影像时代的审美活动特征也发生深刻变化。审美活动变的大众化且日常生活化，传统审美活动中崇高的"灵韵"感消失，大众在审美活动中变得轻松自在，心神也慵懒松懈；艺术以娱乐化的形式呈现，直接作用于受众的感官，观众易于沉浸在被动的感官刺激中，而内在深度反思减少。影像蒙太奇运用常态化，审美感知也随之变得碎片化且逻辑性弱化。当然，另一方面，观众在艺术娱乐化的过程中习惯了审美心态的松散化甚至游戏化，这就也让权力阶层通过媒体对大众进行洗脑的目的很难达到，诚然，阿多诺和霍克海默预言和担忧"电视对愚众的彻底洗脑"的情形并没有凸显出来。总之，当代影视观众一方面在领受艺术作品已经失去了传统媒介时代读者的那种虔诚态度，另一方面也不像法兰克福学派所担心的那样观众变得愚笨且顺从。我们可以沿着从本雅明、雷蒙·威廉斯、麦克卢汉到尼尔·波兹曼、约翰·费斯克等学者的系列论证，勾勒出影视技术、影像艺术影响下百年来观众审美接受的变迁历程。

（一）从膜拜到消遣

对于影像时代与印刷时代受众审美接受的差异比较，本雅明较早地进行了相关论述。首先是传统审美活动过程中"灵韵散失论"，在传统审美活动中，艺术品以其崇高且神圣的"光晕"，在吸引受众的感官的同时也牵引着受众的判断力，让受众在对艺术品的仰视中不知不觉地"矮化"自我，个性化解读难以发挥。在机械复制时代，艺术品的珍稀性消减，不再是唯一，通过现代科学技术艺术品可以大量复制，那么，艺术品崇高神秘的"光晕"也就随之散失，当然，观众在接受这类艺术品时也就不会有传统审美过程中的那种膜拜心理。特别是电影艺术（以及后来的电视艺术），通过声、光、色、影等元素直接作用于受众的视听感官，亲切自然，在感知上具有强烈的亲和力，很容易拉近与艺术的距离。影视艺术等为现代观众喜闻乐见，很多曾被视为崇高且神秘的事物，观众在影院中很容易直接地"亲密接触"，其神圣光环被打破，所谓的"灵韵"散失，观众在欣赏的过程中消除了崇敬的心理距离，变得闲散而娱乐，甚至有一种"占有"感觉。"现代大众具有要使物在空间上和人性上更易'接近'的强烈愿望，就像他们具有接受每件实物的复制品以克服其独一无二性的强烈倾向一样。这种通过占有一个对象的酷似物、摹本或占有它的复制品来占有这个对象的愿望与日俱增。"当然，这种感知的"占有性"是以摧毁事物的光韵为代价的，获得"世间万物皆平等"的意识，催成了现代性（甚至后现代性）打破权威、抹平价值的审美方式。❶

其次，利用现代科技，影视及摄影可以很容易地进行复制，而且与它们的原始胶片（或数码文件）差别甚微（除胶片老旧磨损外）。当这些作品每一件都可能有上千甚至上万个复制版，随时可见、随处可见的时候，艺术作品的独一性和神圣性便不复存在，观众的欣赏方式也随之发生变化，由凝神专注式的欣赏转变成"消遣性"的接受，人们像饕餮快餐一样，视线匆匆掠过一幅幅影像。现代人对影像作品，尤其是家中的电视，越来越以一种散漫无心的态度去观赏。今天，这样的现象已经不鲜见：电视在客厅闪烁低语，家中成员在房间穿梭忙碌、偶尔经过时瞟上一眼；或是夜间人们坐在电视前，手持遥控器晃过一个个频道，被吸引的时候看上一会儿，觉得无趣就换台……如果说人们在影院观看电影还能比较专注的话，看电视或电脑视频则是越来越漫不经心了。所以

---

❶ 钟丽茜.影像艺术的先进文化功能——本雅明摄影、电影理论研究 [J].马克思主义美学研究，2012（12）.

英国学者 See Neuman 指出，当今的"受众媒介使用心理"已经是"一种根深蒂固的、心不在焉的媒介使用习惯"。普通人看电视时心神并不深度卷入，他们对信息的关注度、敏感度都远远低于印刷时代的读者。

当然，受众的专注度下降，也有更深层的心理学原因——现代人生活在密集繁杂的信息包围中，信息的多样化生产和供给，成倍地增长，让人目不暇接。受众对信息"超载"的主要反应之一是对信息的关注程度在相应降低。接触媒介程度越高，对信息的关注质量便越低，只有通过这种方式，人们才能避免不适之感。齐美尔、本雅明等学者都论述过：个体的心理能量是有限的，在现代都市社会、信息社会中，人们不可能再像信息稀少的古典时代那样对生活中遇到的每一桩事都投以深切关注，只能以一定程度的麻木来应对无数陌生信息，否则他会陷入过量刺激中，心理疲软甚至崩溃。

西方学者对当代受众的媒介使用需求做了大量调查，在不同地域、不同人群使用现代媒介的理由中，"娱乐"或"消遣"总是排名前列。例如，瑞典儿童使用媒介的原因：一是"娱乐和情感的满足"；二是"信息和认知需求"。另一项英国广播电视节目调查则显示：人们希望通过媒介满足的需求，列居首位的也是消遣（包括逃避现实、释放情感），其余才是探索现实、强化价值观、寻求信息等。总而言之，"受众对诸如娱乐消遣、间接感受刺激和浪漫故事的需求，要高于对教育、宗教或内容的需求"。而大量的商业电影与电视娱乐节目也在极力迎合这种需求，以其瑰丽动人的视听感受和浅显易懂的内容营造舒适安逸的观赏效果，在影像直接冲击的氛围中，观众的完全沉浸在其中，获得的是"浸泡式"的审美体验（又被称形象地比喻为"视觉冰淇淋"或"心灵沙发椅"）而非"体悟式"的清醒思索。所以，约翰·洛塔克等学者认为"这是一个以极度膨胀的被动消费为特征的当代世界。实际上，它是一个以消费为唯一特征的世界"，在这样的世界中，观众们对"一致性、控制、叙事过程和人文主义的能动作用"变得麻木，他们陷落在荧屏前的沙发里，心神涣散地拨弄着遥控器。正如本雅明所说的，在现代艺术领域中，特别是当影视艺术的欣赏成为大众审美娱乐的习惯，消遣性接受越发得到推崇。在某种程度上，影视艺术消解了膜拜价值，这不仅在观众审美态度的改变，而且传统高雅的审美活动沦落为一中娱乐消遣。即便观众是上帝，但也是一位心不在焉的上帝。

（二）从逻辑链到碎片流

从 20 世纪早期到末期，关于印刷文字与影像艺术在审美接受方面的差异，本雅明、麦克卢汉、波兹曼等学者都先后有过相关论述，一般来说，书面文字作品具有明显的线性结构，有较强的逻辑性、连贯性，内容也较深刻。因而，阅读文字的过程能够牵引理性思维，而且，铅字那种有序排列、逻辑命题等特点能够培养读者对于知识的分析管理能力。阅读文字意味着读者要跟随一条思路，需要读者具有相当强的分类、推理和判断能力。因此尼尔·波兹曼将印刷时代的审美特征总结为"富有逻辑的复杂思维，高度的理性和秩序，对于自相矛盾的憎恶，超常的冷静和客观以及等待受众反应的耐心"。影像艺术几乎全都改换了文字作品的这些特征，影像艺术不再专注于理性深度的探索，而是强化了感性刺激，声光色影等影像元素直接作用于观众的感官；随着影像艺术中蒙太奇手法使用的越发频繁，片段化的表达代替了线性逻辑结构，也让现代人逐渐习惯了碎片化的时间感及分切式的注意力；视听语言在屏幕上形象化呈现，观众可以获得即时的感性愉悦或感官的震惊感，传统意义上"冷静、客观、耐心"的审美方式已经远离观众对影视作品的常规审视。因而，即便文学艺术审美中有许多我们不忍舍弃的优势，影视艺术已经在一定程度上远离传统审美，必然沿着其自身技术特性、传媒特性等特性，开拓新的审美道路或方向。文字艺术擅长表达普遍、抽象的概念，而影像作品擅长于呈现具象，可以说，构成图像的语言是具体的。

（三）感官性与娱乐性

纵观影像艺术的发展历程，有声电影在其产生和发展的早期仍然以话语为中心，台词、画外音成分较多，基本上没有脱离文学的窠臼，借助大量文学语言来交代事件，带有书面文化的特征，在一定程度上影像只是文字的图解，带有印刷时代向影像时代过渡的深刻烙印。在观影的过程中，观众仍要花费较多的心思去解读荧幕文字及台词。电影艺术发展到成熟阶段，电影本身的图像性、动态化等特征在电影艺术家的运用下逐渐突显，随着胶片的转动，动态景观的表现成为电影最鲜明的特质。电影"以其运动图像的景观，既区别于摄影，又有别于戏剧和文学"。文学作品具有静态性特质，适合于读者"静观"式欣赏，影视艺术具有动态影像呈现的特质，更富于感官吸引力和情感煽动性，观众在观赏时几乎不能做停留，很难及时反思和挖掘深度，换言之，是一种"只需耗费最少的心理活动便能够轻易沟通"的媒介。电影表达实现了从"话语中心"向"图像中心"的转换，文学"叙事"转变为景观"呈现"，影像的展示性、感官性日渐增强，话语成分则逐步减弱。在早期影片中占重要地位的叙事性，在后来的电影实验中逐渐呈现出减退淡化的倾向，乃至仅仅呈现新奇或美丽的景象便足以成为部分实验电影存在的理由。因此，相当部分的影像（尤其是电视）就出现了迎合感官、弱化思想的趋向，如批评家们所言："电视之所以是电视，最关键的一点是要能看。人们看到的电视画面，充斥着成千上万动感的图片，稍纵即逝且斑斓夺目。信息的集约化容不得观众仔细思索，只是迎合观众的视听需求，以此适应娱乐业的发展。"

电影理论家玛尔维以弗洛伊德的人格结构层次与电影发展历程对应，认为早期以叙事为主的电影较多地与人的"自我"相关，而晚近以景观为主的电影则与"本我"关系密切。前者按照符合社会常规的理性原则来构建影像，更讲究逻辑与情理；后者以欲望原则来展示娱悦感官的画面，偏向感性与消遣。克里斯蒂安·麦茨也认为：电影"作为我们的作品、作为消费它的社会的作品、作为其根源是无意识的意识而存在，没有无意识，我们就不能理解建立了电影机构并对其持续存在做出解释的全部运作机制"。换句话说，影像艺术相比书面文学，在本性上就更接近无意识，更容易触及人的感性欲望，也容易引发人的"本我"欲求。

在消闲化、娱乐化方面，电视明显比电影追求得更主动、实现得更彻底，其信息传播的快捷度和播放方式的片段化，都决定了它的主要诉求不是思想深度和逻辑条理。雷蒙·威廉斯和尼尔·波兹曼都注意电视播放的"断片组合"方式，即间隔短则五分钟长则一小时左右就是一档独立的节目，而前后档节目的内容、性质、档次通常差异很大，观众必须随其变化而快速切换接受态度和观赏情绪。这种播放流程将许多彼此无关、东鳞西爪的事物堆积在一起，将世间各种事件从它们的社会语境中截取出来，孤立地呈现给观众。在这种情况下，观众应接不暇，难以将思绪停留在哪怕五分钟前的节目上，他们不再去反思屏幕上各类事件的深层意味以及与自己生活的关系，在电视面前，智力就是获得很多信息，而并不一定去理解它们。现代媒介"使脱离语境的信息合法化，信息的价值不再取决于其在社会和政治对策和行动中所起的作用，而是取决于它是否新奇有趣。"也就是说，当电视告诉我们的许多国内外事件与我们的生活几乎没有任何密切贴身的关系，大多数观众也不打算去寻觅其社会文化脉流，那么这些信息的作用就只能是被当作趣闻、消遣、娱乐……"它们拥有的是用趣味代替复杂而连贯的思想。它们的语言是图像和瞬息时刻的二重奏。'严肃的电视'这种表达方式是自相矛盾的；电视只有一种不变的声音——娱乐的声音。"❶

这种浓厚的媒体娱乐氛围，带给理论家们的心情是亦悲亦喜：尼尔·波兹曼等学者痛心疾首于世风日下、娱乐至死的文化滑坡，本雅明、伊格尔顿等却不以为然，在影像艺术的审美中理解了某种民主氛围。影像艺术审美过程中的消遣娱乐氛围消解了作品意义的崇高感与唯一性，大众在一定程度上能够对作品进行自主解读或者多元阐释等，造成了一种看似懒散实藏反抗的审美方式。在这种慵懒松散的心态下接受

---

❶ 金晶.警惕电视媒介的娱乐至死[J].新闻世界，2011（7）.

影视传播就产生了一种喜剧性的效果——当初法兰克福学派的霍克海默、阿多诺等学者非常担心电视成为统治阶级意识形态的强力传输器，担心缺少辨别力的大众被电视节目中暗藏的意识形态宣传彻底洗脑——在今天看来，这种现象并没有普遍降临：倒不是大众全面提升了文化素质练就了火眼金睛，而是在今天的影视观赏中，大众已经越来越不会正襟危坐、虔诚恭顺地吸收作品内容了，任何节目（不论有没有政治意识渗透）都得不到当代观众严谨恭敬的对待，无论节目涉及的是政治选举、经济变革还是社会事件、文化宣传……在弥漫一切媒体的欢乐休闲气氛中，没有什么是值得认真对待的。

第四章 大众文化视野中：新媒体
对大众审美心理的影响

第一节　大众审美方式变化

一、数字化时代的边缘性审美

媒介审美的边缘性首先体现在媒介审美的日常化，即媒介审美泛化，究其原因是整个审美语境使然。英国后现代社会学家迈克·费瑟斯通指出，日常生活中的审美呈现，核心是"充斥于当代社会日常生活之经纬的迅捷的符号与影像之流"。传媒将影像的世界与日常生活做了深入的链接，将曾经深刻高雅的审美过程带入到日常生活的方方面面，从衣食住行等各个角度对人们如何更好地生活提供信息和指导，它更认为"微妙的任务在于改变人们的习俗"。这是对当今审美泛化现象的敏锐总结。早在"二战"以后，审美日常化的现象就被诸多社会学家给予了较高的重视，并普遍认为这是后现代社会也就是波德里亚口中的"消费社会"的一个显著特征，它具有十分宽泛的美学意义。美学渗透在经济、政治、文化以及日常生活的各个领域，已经丧失传统意义上的自主性及特殊性。在消费社会，所有的商品都具有艺术化的外表，艺术形式几乎扩散到了一切商品和客体之中，所有的东西都成了美学符号。所有的美学符号共存于一个互不相干的情境中，审美判断已不再是可能。

麦克卢汉在他著名的《理解媒介：论人的延伸》中明确地将媒介与媒介的内容（另一种媒介）的作用分开进行了表述，并且对人们忽略媒介本身而只注重媒介内容的做法提出了质疑。他在书中提到，媒介即讯息，能够对人的组合及行动的尺度、形态起到塑造和控制作用。然而，任何媒介的内容都让大众在享乐中忘却了媒介的塑造与控制作用，大众乐此不疲，这样的情况也非常典型。诚然，他论述的目标是要人们重新去认识媒介本身对人的行为与思维方式的决定性改变。但是我们同样可以在审美日常化的大背景下去发现媒介与媒介内容的剥离以及媒介审美形态。

如果说传媒的媒介审美对象，可以分离成媒介与媒介内容的审美的话，手机所涉及的美学概念需要更深一层。首先，手机是一种工业产品，它具有产品的审美意义；其次，它是媒介，它具有媒介的审美意义；第三，它有媒介内容，它具有内容的审美意义。这三点，我们可以在苹果的 iPhone 手机上看到近乎完美的结合。与其说苹果的成功是产品的、使用的成功，不如说它是审美的成功，而它的审美的成功是因为它抓住了审美泛化这一时代特点（见图 4-1）。

图 4-1　iPhone 手机

一个产品的实际价值、使用价值都让位于它的符号价值。曾经苹果公司的产品，主要是电脑，给予消费者的就是精英的符号。而 iPhone 的出现与销售策略则让曾经的拥趸，自以为是的精英很受伤，他们那高高在上、自我陶醉的精英梦被乔布斯的"一根绣花针"轻轻刺破。而后，越来越多的人在关注、抢购、使用甚至收藏苹果手机。他们不一定每个人都有"精英"的梦想，但是他们一定抱着一颗"审美"的心。媒介审美的泛化无疑成为苹果手机成功的最大推手。

如前面所说，在苹果手机的产品审美之外，它作为接收终端和新兴媒介，其全新的审美理念与哲学是其迅速占据受众以及消费者心灵的重要手段。作为一个具有实用功能的工具性产品，苹果手机的通话功能常常是人们诟病的焦点，但是，这并不影响它成为世界上最受欢迎的移动终端产品。主要原因在于，它将工业设计领域的微电子设计风格应用到了产品、界面以及用户体验等方方面面，使之有一个完整统一的呈现。而微电子设计风格最早出现在电子时代早期，其重点是要把设计功能、人体工程学、现实技术以及造型技术统一起来，这是一种因新的微电子产品层出不穷发展出来的解决方案，是将功能主义、理性主义以及极少主义一起捆绑并加以利用。而苹果无疑是将其做到了极致，并由外而内给予了传承。正如麦克卢汉所说的"任何媒介都有力量将其假设强加在没有警觉的人的身上"。苹果在全球能有如此众多的"果粉"，也就可以理解了。

在传统的美学范畴中，古典美学一直被认为是崇高的，其审美活动同样具有崇高性。崇高在狄德罗看来，是天才所表现出来的精神境界，技艺退居其二；在康德看认为崇高是痛苦与愉悦，"痛苦来源于主体遭受到的否定，而愉悦是因为否定中包含着绝对存在的肯定"；柏克则认为崇高则具有一种生命的意义。总之，崇高是古典美学中创作者与接受者都共同沉浸的美学。到了现实主义时期，古典美学中对客观现实的描述与追求被打破，时间、空间、线条、形象都失去了本来的束缚，开始在艺术家的手里自由地翻转与扭曲。这个时候，是否还有崇高呢？至少在塞尚和蒙德里安看来他们的作品是崇高的，虽然没有按照客观事物描绘，虽然描绘的是他们自己眼中所看到的世界，但是至少这个世界是真实的和有结构的。而后现代美学完全脱离传统。张法在其著作中谈到利奥塔的"崇高"命题时提到，"后现代的'存在'不但脱离与现实的关联来问自身的意义，还从否定自身与任何本体的关系中来问自身的意义。与关联的一切，时间系统、现实结构、本体存在，都不是本质上、规律上必然命定要如此的，这就是后现代崇高的震惊与矛盾感受"❶。

波德里亚在《消费社会》中提出了后现代社会几个有趣的审美现象：媚俗、摆设与流行。媚俗在他看来，是一种模拟美学，是审美又与审美无关，它强调是用各种物品的刻意堆砌以造成一种新的未曾经历过的氛围。摆设则具有一定游戏感，无实用与象征都没有关系。在波德里亚看来，艺术表现的传统崇高地位被消费逻辑消解了。可以说，在流行之前的一切艺术都指向某种深刻的世界观。而流行，则希望自己与符号的内在秩序同质，与它的工业性和系列性生产同质，与周围一切人造事物的特点同质，广延上的完备性同质，与这一新的事物秩序的文化修养抽象作用同质。流行本身是没有现实含义的，只有符号意义。流行没有真实的空间，只有符号要素及其关系的空间，不同符号要素及其关系进行并置。也没有真实的时间，仅有的时间就是阅读时间，对物品及其影像、对这一影像和同样重复等进行区别认知的时间，对处在其真实物品关系中的伪迹进行心理调适和适应所必须的时间"。所有这些都为后现代社会营造出了一种"超美学"环境。所谓的超美学也就是在符号主导中产生的美学变化或变化成受符号规律制约的美学。在符号的世界里，阅读仅仅是浏览与记录，审美也仅仅是稍纵即逝的一瞬间。

从传播学的角度上来说，数字媒介的多媒体化和多样化是媒介审美泛化的另一诱因。审美日常化可以将生活中所有的一切事物变成审美对象，媒介也不例外。媒介泛化可以从两个方面来看：第一，媒介技术的发展激发出日新月异的新媒介。除了传统的书籍、报刊，以及后来的广播、电影、电视，再到网络、手机。第二，新旧媒介共存，并相互渗透。书籍、报刊不会因为网络、手机的出现而消失，只会进一步将自己嫁接其上，以获得新生。

数字媒介具有强大的包容性。它的多媒体化的特点体现在数字媒体承载信息的多样性、效果表现的综合性和信息传递中的交互性上。它依附于计算机技术的强大，具有强大的综合能力，将图文、影像、声音集合成媒体信息放置于同一平台，提升了人们对于多媒体信息的获取和处理的能力。这一平台具有庞大的包容性和兼容性。传统的书报杂志大都在争相实现数字化，传统的电台电视节目也在实现网络化。随着移动终端的加入，人们的生活已经完全被媒介及其信息所包裹着，此类信息只有你去获取而没有你获取不到的。

每一个单一的媒介提供给受众的同样是一个选择领域。就拿曾经的强势媒介——电视来说，我国的电视频道从中央台到各个地方卫视，再到地方有线台以及数字频道，总量多少已经无法计算。这仅仅是电视媒介所提供的信息资源，算上网络媒介那就更加难以计算了。随着数字技术的介入，以前观看某个节目必须按点守在电视机前的做法已经过时了，可以在节目播出的过程中或者结束后，任何一个你认为合适的时间利用回放功能去找到你想要观看的电视节目。电视机上附带的小盒子里面存储的数字节目数据量之大是人类无法想象的。同时在传播的历史中，每一个传播历史时期会产生新的媒介和传播方式。从报刊开始的大众传播时代，就存在了可以被广为接受的媒介。

我们所处的这个时代，其实是将人类有史以来发展出的所有媒介集于一身的年代，这个时代的人们有着从未有过的选择的自由。这个自由是选择的自由和不选择的自由，同时也有被选择与不被选择的自由。但是需要明确的是，人的注意力与接受度都是有限的，这是无法改变的事实。因此在面对如此浩瀚的选择空间和如此众多选择手段，而接受容量无法扩充的情况下，被削弱掉的或者是被稀释掉的就是人们的注意力的质量，其中当然包括审美的深度。

二、数字媒介时代的双向性审美

人创造媒介，也被媒介所改变。在著作《重构美学》作者沃尔夫冈·韦尔德看来，人类对于客观、现实等问题的看法是完全受电子媒体改变的。在电子媒体产生之前，人们的时空感是连贯的、自然的、古典的、再现的。影像所给予的现实则是"模拟"的。"电视的现实不再是无所不包，无处逃避。相反，它是可选择的，可变化的，可丢弃的，也是可逃避的。"有趣的是，这种人为制造出来的"模拟"现实会进入到真实的现实并被人们所模仿。因此，波德里亚担忧地认为后现代的人们其实是生活在一个被媒介扭曲了的拟象世界。

数字媒介则没有再现"现实"的困扰，但在其产生之初仍然受到攻击，是因为人们恐惧它超越人脑的运算速度和强大功能，直到现在这种担忧依旧存在。人类似乎总会在展现自己的智力的同时为自己制造出强大的"敌人"。当然这并不是这里要讨论的重点，我们应该注意的重点是数字媒介出现之后，受众的身份开始转变，大众媒体所建立起来的"媒体—受众"的传播关系正受到挑战，而实现它的就是数字媒介的互动特性。

传统的传播途径是，传播者将信息传递给受传者，受传者再予以反馈。但是这个过程是间接和漫长的。20世纪80年代是电视作为唯一有效的影像媒体的年代，春节晚会曾经是全国除夕唯一能够观看到的节目。那个年代的媒介与媒介信息选择都十分缺乏，因此万众看一台晚会是可以想象的情景。在节目当中会要求观众选择最受欢迎的春晚节目，而投票的方式是去邮局买一份《中国电视报》，然后通过邮寄的方式寄到中央电视台，结果会在元宵节的晚上揭晓。整个投票的过程持续15天，中间环节完全体现了传统的传播和反馈路径。

而在数字媒介时代，事情会怎样进行呢？观众在除夕夜可以选择在电视上或者网络上的各大视频网站直播观看春晚节目，或者选择根本不看。在节目播出之前，就可以通过网络了解节目的大概情况。在观看的过程中，可以通过跟帖、微博、微信等方式发表自己对节目的看法和个人观点（见图4-2），和朋友讨论，给主办方提提意见，顺便给自己喜欢的节目或表演者投票或对自己不喜欢的节目吐个槽。等晚会一结束，最被喜爱的电视节目的投票结果大概就能清楚了。而在节目中出现的各个细节都有可能成为大家讨论的热点，并持续很长时间。

图 4-2　微信投票互动

互动的审美方式的影响是巨大的，它从根本上颠覆了传统的传播方式和审美方式。从某种角度上来说，受众无论从传播还是审美的角度来看都是被动的，处在接收的一方。在西方的大众传播研究中，对受众惯常的评价度多有贬损之意。法兰克福学派对大众传播的批判之声最甚，他们一向赞同的观点就是，大众传播中的媒介信息（例如流行乐、娱乐节目）都被认为是低级趣味的，而被这些节目所吸引的受众则被认为是缺乏品位和辨别力的。同样有学者认为，普通的大众在传媒面前表现得过度依赖和脆弱，总是被传媒所提供的信息影响而发不出自己的声音。在《受众研究》这本书中，马尔库塞认为，大众受众的形成是控制与同质化过程的一个组成部分，而控制与同质化导致了所谓的"单向度的社会"。在这样的社会中，不同阶级之间阶级利益的真正差别还未及消除便被掩盖了。消费者与受众的需求是一种"虚假需求"，一种被认为刺激出

来的需求，这种需求的满足不过使占统治地位的资产阶级获利而已。❶

　　而数字媒介的互动功能让这种情况发生了根本性的改变，至少"单向度社会"体现出了"双向度"甚至"多向度"的趋势。被数字媒介所培养出来的是具有能动性的受众群体，它所提供的反馈通道彻底改变了人们的接受习惯。数字媒介对人的行为方式的改变仅限于意见的发表，也许它所能改变的还有更多。淘宝是一个大型的网上购物商城，由众多私人店主和正规厂家共同构成。它除了价格比实体店更加低廉以外，还有一个看似平常却影响深远的功能，就是买家反馈。作为一个买家，拿到商品之后，可以根据到手的商品进行评论，这个做法可以缓解网络虚拟购物与实际交易之间的差别，而作为其他的买家可以把以前的买家的反馈作为是否购买的参考意见。如果货物实在糟糕或者店主的行为有损购物者的利益，你还可以用"差评"来维护自己的权利（见图4-3）。通过上述事例我们可以了解到，数字媒介通过互动性时空给予受众话语权的同时也给予了他们多样化选择途径。但是，是否这足以改变大众的"低级趣味""易臣服""易控制"的形象则还有待观察。

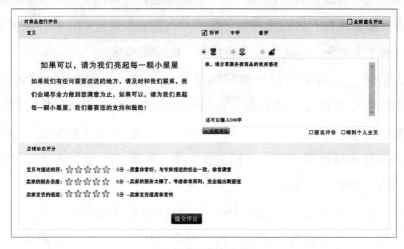

图4-3　淘宝评价

❶ 戴雪红.媒介形态变迁与女性受众研究范式演进的历史与逻辑——基于女性主义媒介研究的视角 [J].新闻界，2018（1）.

三、数字化媒介时代的个性化审美

数字媒介时代，电脑、互联网及移动通信终端迅速普及，已经进入寻常百姓家。信息革命时代的一个重要趋势就是把个人从信息流中获取东西的责任转移到个人身上。而且着重于点对点的传播，而不是点对面的传播，如此一来，媒介审美就体现出了个性化的特点。

在大众传媒语境中，信息的接收方被称为受众，那是被动接受的代名词。而在数字媒介中，受众被给予强大的反馈权利，他们能发出自己的声音，说出自己的需求并具有导向性的力量，因此受众变成了用户。从"威严强制"的影像媒介发展到"体贴入微"的数字化媒介用了不到20年的时间，而媒介的面貌发生如此巨大的改变让人应接不暇。大众传播、组织传播、人际传播和群体传播都刻上了数字化的印记，网络传播和移动通信将它们全部收于麾下。智能手机的出现给人们带来的便利不仅仅在于更方便地沟通、更快捷地获取资讯，更重要的是，这个手机是"你"的。每一个智能手机的用户可以根据自己的喜好与要求去决定手机上所安装的应用软件、下载的歌曲和观看视频，并能够随时随地地调出来观看和删除。开机屏幕、界面风格、按钮排放都是按照个人喜好来决定的，也许今天我喜欢红色的卡通桌面，明天我又会改成黑色的冷峻风格。

人们还会因为某个行为和兴趣聚集在一起，分出比大众更小的团体，即在数字化媒介中被分众。在一些研究者看来，大众传播时代的式微和数字传播的兴起会造成大众的分解，拥有更多话语权的民众会根据自身的喜好选择他们愿意接收的信息。事实也的确如此。各类分享网站层出不穷，社交网站也发展得如火如荼。

这是否就是说受众完全从大众传播时代的大众裂变为一个个单独的个体了呢？其实并没有，受众在数字媒介时代里更多的是以群体的身份出现。群体，也在大众传播中"被集体"，但被认为是无意识无组织的"乌合之众"，他们对传媒没有辨别和反抗的能力。而数字媒介下的群体则与其有一个根本的不同点，他们被赋予了发出声音的权利。人们开始因为某一个爱好或者兴趣走到一起，大众被分为了各种群组，群体成员之间也可以平等地传播。Web 2.0、社交网站等分享型网站与应用软件的出现，让人们可以随时随地地分享对某一共同事物的爱好与心得，相互鼓励、相互解决问题。这里的群体是由具有生命力的鲜活的个体组成，具有相当的行动力和影响力。用户与受众最大的区别是，用户被赋予了反馈的权利。因此，媒体不能再随心所欲地支配他们，而要看他们的"眼色"行事。

四、数字媒介与审美的人性化

为了实现数字媒介审美过程中的人性化，数字媒体开始重视数据，因为他们认为数据之后隐藏的是巨大的商机。于是人们开始发现，不知道从什么时候开始，你在淘宝上搜索过一条牛仔裤之后，牛仔裤的推荐信息会很长时间出现在你打开的每一个网页上的信息推荐栏里面。你打开豆瓣网，在豆瓣网的首页上十分贴心地告诉你，"它"已经猜出来你可能喜欢的歌曲目录（见图4-4）；在腾讯QQ添加好友的网页上会看到QQ为你推荐的几个你"也许"会认识的好友；整个网络世界似乎都在为你量身定做，你能享受到在传统世界里面只有高端的VIP客人才能享受的量身定做的服务。而这些都是数字媒体给我们提供的人性化服务。

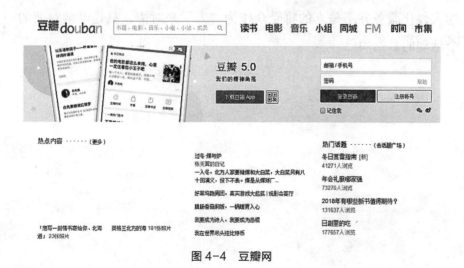

图4-4 豆瓣网

由此我们可以看到，传统传播中以传播者为中心的情况正在变为以受众为中心，传播本体论正在转变为受众本体论，每一个受众作为独立的个体都可以根据自己喜好和自身需要的方式来选择审美的对象和审美的方式。但是我们在享受如此高端的定制服务时，是否应该有所警惕？数字化媒介之所以能够如此温暖地照顾着每一个使用者，是因为其后面强大的数据支持。所有的用户在网上每点击一次鼠标都可能留下痕迹，这就是我们需求的证据，也成为媒体为我们做人性化服务的依据。也就是说，在数字媒介的语境中，我们时刻都暴露在"第三只眼睛"的监视之下。比如：亚马逊通过大数据统计监视着大众的购物习惯；谷歌监视着大众的网页浏览习惯；而微博，则监视着大众的社交关系网，似乎什么都知道。

数字媒介审美的人性化是为了满足个性化的需求而存在的，然而在著作《消费社会》作者波德里亚看来，"个性化"一直是一个陷阱。他认为个性化是"取消了人们之间真实差别、使人们及产品都同质化，并同时开启了区分鉴别统治的工业垄断型集中"，个性化中"对差异的崇拜正是建立在差别丧失之基础之上的"。支撑工业时代受众研究的抽样数据与支撑数字媒体时代的大数据并没有质的区别。无论受众还是受众被推荐的信息都保留着相对的差异性而非绝对的。此外，一味迎合受众的人性化服务并不是真的将受众作为"人"来对待，只是电脑对面的一个活动的数据而已。

第二节 大众审美心理的新特征

一、泛表达与狂欢

在传统的审美活动中，审美对象均由第三方提供，"我"是作为审美的主体存在。审美客体则只具有"物"的特性，即被审或不被审。但是在数字媒介化的审美境遇中这一切都被打破了，我们看到了审美主体的对象化和审美对象的主体化——趋向"泛表达"的有趣现象。

一切要归功于自媒体的出现。自媒体也是个人媒体，是以互联网为媒介的网络媒体，是在互联网之后的又一次具有历史性的变革。互联网给自媒体提供了技术实现的可能，为在互联网个性化特点影响下成长起来的受众提供了行为和心理上的准备。自媒体的特点在于，人人都是媒体。每一个互联网用户都是信息的发布者。不同于以往的点对点或者点对多的传播方式，这更是一种没有固定受众的多对多的交互性分享传播方式。这种传播类型植根于互联网技术，依靠论坛、博客、微博、人人、推特(Twitter)、脸书(Facebook))等众多社交和分享网站，发扬光大。

这是一种前所未有的传播方式，每个人都是信息的传播者和受众，传播信息的"大喇叭"被放在了每一个公众手中，在有限的监控中，每个人都有可能发声。自媒体首先进入到人们的视线里，是在类似"9·11"、伊拉克战争等这类大事件里，受众作为公民记者，对信息的收集、报道、分析和传播过程的参与度让传统媒体为之一振。丹·吉尔默是美国硅谷著名的 IT 专栏作家，他在专著《自媒体：草根新闻，源于大众，为了大众》中把自媒体定义为：是通过私人化、平民化、普泛化、自主化的传播者，以现代化、电子化的手段，向不特定的大多数人或者特定的单个人传递规范性或者非规范性信息的新媒体的总称。

值得注意的是，国内外对自媒体的研究大多集中在大众对大事件的信息传播力上，例如"7·23"甬温线特别重大铁路交通事故、解救被拐儿童事件以及微博反腐风潮等。而我们不应该忽略的是，在自媒体兴起之后普通受众审美倾向上的变化。尽管每一个用户都可以成为信息的发布者和关注的参与者，但是传播的权利天平并没有过度向普通大众倾斜。能够经历"大事件"的人依旧是在现实生活中拥有更多社会资源的人。

对大多数自媒体用户来说，自己的生活与身体就是一个源源不断的信息源。于是审美对象从外在的客观事物转换到了审美主体自身，这是一个主体客体化的过程。比如，自媒体使用者用智能手机拍上一张"卖萌"照，用自拍神器精美修饰一番后，再通过微博、微信等发布平台给予发布，接着就等着看其他用户对这张照片的回复，之后还可以给予互动。与其说这是一个信息传递的过程，毋宁说它是一个审美的过程。

不同的用户分享的角度不同，有些用户钟爱发布美食美服，有些用户善于发现生活中细微的美好，还有些用户专门晒各种旅行照片或者是自己生活中的"大"事件，或者是一些对生活感悟的文字。这其实都是一个"创作"的结果，是对"现实"的表达，和艺术创作没什么两样。再则，"外观总是显现着自身，总是邀请人们对它投以注目的眼光"。有所不同的是，这些"艺术家"的艺术修养参差不齐，审美的标准也非整齐划一，在审美如此泛化的年代里，依附于数字媒介的新型审美也因之泛化开来。

二、审美功利化

由于媒介与审美快速地融入大众生活，媒介审美也愈加功利化。最具有活力的网络商城应该是淘宝了，它是时尚的风向标，也是风吹的"墙头草"。我们经常会在网站的首页看到不同款式的衣服、鞋子、包包、杯子甚至袜子。著名歌唱家彭丽媛作为第一夫人第一次陪同国家主席习近平出访时使用的简洁风格手提包，在媒体上出现不到24小时，在淘宝店里就有以"国母包"为名的提包开始出售。一边是大家对第一夫人大气端庄的形象的赞美，另一边则是对她装束的追捧与效仿。

影视明星的穿着用品更是人们追逐的热点。2010 年《春节联欢晚会》上，演员牛莉演出小品时穿着的粉红色大衣在节目播出之后就受到了强烈的追捧，很多网友在网上询问关于那件粉红大衣的情况。淘宝店里更是有各种价位的正品和仿制品供消费者们选购。所谓的时尚 icon，表面上是指在穿着打扮上有自己的品位、风格、质感和不可替代地位的标志性的人物。这些人的穿着就是一个标杆，他们每一次出场就会被媒体纷纷报道，毫不吝啬地加上溢美之词，从头到脚地分析一遍，找出他们漂亮迷人之处和普通大众可以效仿与追逐的部分，接下来的事情就是大家掏出各自的钱包和移动鼠标，让那些美丽的元素可以在自己身上重现出来。

关于这种情形，其实波德里亚在《消费社会》中就已经洞察到消费与审美的关系几乎是同一的，它们之间并没有巨大的鸿沟。只是到了媒介数字化时代，所有的一切都变得更加明晰罢了。对于电视媒体的广告消费模式，波德里亚有过这样的论述："这种'消息'话语和'消费'话语的精心配量在情感方面独独照顾后者，试图为广告指定一项充当背景、充当一种喋喋不休因而使人安心的网络功能，在这一网络中，通过广告短剧汇集了一切尘世沧桑。这些尘世沧桑，经过剪辑而变得中性化，于是自身也落到了共时消费之下。每日广播并非听上去那么杂乱无章：其有条不紊地轮换强制性地造成了唯一的接受模式，即消费模式。❶"广告是以"消息"的形式出现在媒体中，是独立出来的影像片段，有着直接的诉求与表达。在数字媒介时代，这种广告推销模式有时还抵不过一段人气极高的视频。在这个时代里面，每一条似乎与消费无关的消息都被隐含了消费信息。

为何会如此呢？我们可以把它看成是收视率和点击量的区别。电视媒体通过点击率来考量和研究大众的口味、喜好和意愿。通常情况下电

❶ 王岳川 . 博德里亚消费社会的文化理论研究 [J]. 北京社会科学，2002（8）.

视台是通过第三方机构对某一个时段的节目，经由电话、问卷调查、机顶盒或其他方式抽样调查来得到收视率的数据，这是间接性的数据调查。而点击量是受众的实际浏览量，数据来得更加直接。再加上数字媒体的互动功能，人们可以很快通过网络留言了解到受众的偏好，并及时做出反应。因此，在数字媒介的语境下，一个并不明确的态度都可能给你招来一群业务推销人员，而这一切均被打上了功利化的烙印。

三、泛娱乐化

尼尔·波兹曼在《娱乐至死》这本书里面对传媒的全娱乐性提出了严苛的批评。他认为电视最大的好处是为大众提供纯粹的娱乐，它的坏处就是把它所涉足的诸如新闻、政治、科学、教育、商业和宗教的严肃话题换上娱乐化包装。在他看来，即便是正襟危坐、表情严肃、身家清白的评论者们讨论核问题这样严肃的问题时依旧是一个娱乐性的表演而已，而用电视作为教学教育的手段也是十分可笑的。因为，这种"假装"自然的情景本身都是滑稽可笑的。

在数字媒介的环境下，这种"娱乐"只会变本加厉愈演愈烈。娱乐不仅仅是一种心理状态，它甚至变成了一种精神。任何一个事件都能被挖掘出背后的娱乐爆点，并在受众（更确切地说是用户）的推波助澜下成为风靡一时的话题。例如，关于心形石头的故事，影视明星李晨在承认与演员张馨予的恋情之后，女主角在自己微博中晒出了一颗心形石，并称这是男主角送出的爱情信物。谁料到，此后网友接连爆出李晨曾经送给妈妈、前女友和绯闻女友共达六颗心形石。于是，一个浪漫的爱情故事变成了滥情的标签，李晨帅气专一的银幕形象被刻上了花心大少的印记。网友们更是发挥调侃之能事，各种戏谑之言弥漫整个网络，敏锐的淘宝更是又一次发挥了其敏锐的触角，众多卖家开始兜售心形石，并明目张胆地标示出"李晨心形石"。据传，最终二人顶不住压力选择了分手。

一段浪漫的恋情可以在戏谑和围观中结束，并非因为那颗倒霉的心形石，更多的是来自网友大量围观、扩散并娱乐化了的舆论氛围。2012年，唐朝诗人杜甫突然变得"忙碌"起来，各种关于杜甫的涂鸦在网上风传，关于杜甫各种现代生活的照片以及视频点击量一下激增，跟风模仿并乐此不疲者众多。有一个网名为"刘咚咚"的网友，仿照周杰伦《牛仔很忙》的旋律重新填词创作了一首《杜甫很忙》（见图4-5），被众多网友转发，"刘咚咚"也因此获得很高的赞誉，有网友评价他比周董还有才。这是2012年最有影响力的网络事件之一，媒体、教育机构、杜甫研究会以及学术界都对此事件进行了多方面的探讨和研究甚至反思。关于这个事件，众说纷纭，不乏批评和担忧的声音，批评者反对对诗人进行恶搞，认为这是对传统文化的亵渎，担心这会对传统文化的传承造成不利影响。而作为作者的"粉丝"倒是并没有什么好担忧的，纯粹娱乐而已，也懒于做理性的探究。河南省杜甫研究会副会长程韬光说，戏谑与自嘲的幽默是杜甫本身就具有的性格特点，而年轻人让他忙点也无不可。

图4-5 杜甫很忙

延参法师在百度百科的介绍中是当代著名禅师，佛教文化著名学者、作家，可能他自己也没有想到，他被人们熟知并成为红人并不是因为他的佛学被大众接受，而是因为一段拍摄于数年前的"卖萌"视频，他本人也成为 2012 年最红的网络红人之一。最近，和他有关的新闻，除了他到处讲授佛法之外，还有他身边被惊呼为"帅哥"的小徒弟。在网络时空中禅师也成为流行文化的炒作对象，这在过去是无法想象的。

一切与"正经"事件无关，一切都在以"快乐"为导向，以轻松为前提，以娱乐为宗旨。"娱乐是电视上所有话语的超意识形态。不管是什么内容，也不管采取什么视角，电视上的一切都是为了给我们提供娱乐"❶。尽管尼尔·波兹曼这句话是针对电视而言，现在看来，它对数字媒介同样有效。

四、泛时空感受

谷歌有一个伟大的设想，想要把古往今来所有的图书变为电子文本，并创建一个人类有史以来最大的图书馆，这也只有在数字化媒介条件下才能实现。其实不仅仅是图书，从现在的趋势来看，我们可以在网络上找到所有我们想找到的一切信息和娱乐资源。例如，在豆瓣音乐里面，有摇滚乐、有古典乐，同样有流行音乐，也就是说，你可以在这听到贝多芬或莫扎特的乐曲，也可以听到凤凰传奇的歌曲；你可以看到昨天晚上才播出的《非诚勿扰》，你也可以找到前面任何一期的内容；你如果想找到你出生那一天出版的《人民日报》，看看当天的头版头条也不是没有可能的事情。数字媒介就是这样一个时空并置的平台，让人产生虚实共生、随性缩展的泛时空感受。相对于现实生活，每个人可以在属于自己的数字媒介世界里面遨游并获得身心愉悦。

当然，也有人对这样的数字媒介世界提出质疑。美国著名科技作家尼古拉斯·卡尔在《浅薄——互联网如何毒化了我们的大脑》一书中指出了互联网的劣迹，其中最主要的是认为互联网让人们放弃了深度阅读

---

❶ 姚兰.网络泛娱乐化背景下思想政治教育探微[J].渭南师范学院学报，2017（3）.

和深度思考的能力。但是有趣的是，在该书的前半段，作者在梳理人类的阅读历史的时候，还提到过人类在学会阅读或者默读之前，所有的学习方法是口口相传，并认为阅读是一种浅薄的表现。也就是说，所谓的阅读并非古来都有，而是在印刷术出现之后才有的。数字媒介对阅读习惯、思维方式的影响的确存在，但如果单一把某一个媒介的出现当成是影响人类阅读和思维方式的罪魁祸首就显得言过其实了。

反倒是卡尔在书中提出的另一个造成改变的事实值得注意，那就是网络信息的多样化会造成思维的浅表化。相关研究表明，由于单位时间内人的注意力是有限的，那么随着信息量增多人感受信息的深度会随之下降。正如前文所述，数字媒介的信息并置给人们提供了大量的选择空间，这自然也就减少了人们为每一个信息停留思考的时间。人们会忙于穿梭在各种信息之中，这边在关注南方的高温天气，或者查看朋友发过来的最新美食照片，那边还得去看看薄熙来案件的审理情况，或者了解网络谣言王"秦火火"被依法刑拘信息，还要看看心灵鸡汤是否可以对症下药……在不停地转换之间，真正被记住和被思考的信息就可能少之又少。

即便如此，人们还是停不下来，每天重复着同样的行为和方式，一旦离开了网络人就会觉得空虚。最近网络上也出现了搞笑版的马斯洛需求理论，在原有的生存需求的基础上增加了"Wi-Fi需求"，这可以看作是马斯洛生命需求理论的升级版。虽然是调侃玩笑之作，也体现出了一部分网民对网络依赖的现状。我们现在常常会看到这样一个场景，一群人，无论多少，在某个室内场所坐下，都会掏出手机，在屏幕上找网络，然后某一个人在某个通信软件上对同伴说："今天吃什么？"接收信息的人也用同样的方法回应："随便。"我们应该注意的是，媒介的审美价值在于它给人类带来的便利和愉悦，而要警惕的是它对人类的异化。

第三节　大众审美趣味的变化

一、习惯了视觉化体验

根据美国学者米尔佐夫的相关论述，从历史的角度来看，他把人类信息传播文化的转变分为三个阶段。第一阶段，1650—1820 年，为古代形象阶段，主要传播的是一些传统形象。什么是传统形象呢？就是依赖于外部世界的实体得以创作或进行解释的形象，一般恪守模仿原则或遵循朴素的实在论且强调中心透视原则等。当然，这些古代形象逼真地再现了现实世界，是可信的也是真实的。第二阶段，1820 年—1975 年，为现代时期，主体形象为"辩证的形象"。由于摄像技术和电影的诞生，产生了有别于传统形象的新的影像。这个时期的形象为什么被称为辩证的形象呢，是因为影像世界在观众和形象之间建构了一种存在时空差异的可视关系，从而让现代与过去、受众与影像之间存在辩证的交流。第三阶段：1975 年以来被看作是当代或后现代时期，以矛盾形象或虚拟形象为主。虚拟形象一般来说是指和现实关系比较疏远形象，通过现代计算机技术，任何形象即便是来自现实的形象都可以加以篡改和修正。而且这些虚拟形象不断超出我们的视觉感知的常规范围，进而导致了视觉性的危机。虚拟形象的广泛传播和全球渗透，在日常生活中各种信息令人目不暇接，信息量的膨胀总是伴随着意义的衰竭，从而导致了信息的危机。

显而易见，图像已经成为数字媒介时代里人们接受信息的主要通道。虽然，这一趋势在开始之初受到了众多的学者的担忧和批判，而在米歇尔看来是西方文化传统在作祟。究其原因，是因为在西方文化中代表理性的语言活动高于图像化呈现，认为理性的语言活动是高级的，而图像只表达对观念的阐释，是较低级的。从这个层面上来说，"图像的转向"显然向"语言学转向"提出了挑战，动摇了语言（尤其是言语）的霸权地位。然而这一切在数字媒介这里完全不是问题，它用它那无与伦比的包容度，将文字与图像并置在同一空间，让理性与感性相互补充，取双方之所长，大大保证了传播的准确性与高效性。

至于美国学者米尔佐夫提出的当代形象在数字媒介中更是不值得大惊小怪的事情。人们用各种技术手段，模拟、仿造和制作出想要的图片来表达自己想要表达的内容。而且内容如果用言语来表达将显得生涩与死板，图像确实是一目了然。人们开始对视觉越来越依赖，视觉体验越来越重要。网络上流传的一句话是"有图有真相"。"真相"是否是"真"有待检验，但是图像的说服力远远大于文字，至少它是直观的。

正如马丁·海德格尔在他的一篇讲稿《世界图像时代》中提到的"世界图像"概念，他解释说："从本质上看来，世界图像并非意指一幅关于世界的图像，而是指世界被把握为图像了。"❶以视觉接收信息的方式将越来越受大众欢迎。

二、追求微、快、奇

"微"是近几年传媒行业的热点话题，微博、微信、微电影、微电台、微小说等等。仿佛我们以前遇见的一切媒介都要加上"微"才算时髦。其本身也吸引了众多的关注者。"微媒介"和传统的媒介有着十分相近的特点，都具备传播链条中的传播者、传播途径、接收者以及反馈渠道等各种要素。但是值得注意的是，"微媒介"的传播者与受传者具有同一化的特征。也就是说，在"微媒介"中，你既可以是传播者也可以是受传者。因此，"微媒介"与自媒体具有天然的连接关系，这里的信息发布者与接受者可以统称为"用户"。"微媒介"的另一个特点是，信息的及时性、短小性和快捷性。这也是微媒介与自媒体最大差异所在。

---

❶ 周宪.视觉文化的转向 [J].学术研究，2004（2）.

"微媒介"的统称并不能掩盖他们各自的特性。例如，微博是最接近传统媒体性质的微媒介，它充分实现了"人人都是摄影师，人人都是记者"的理念。它提出的问题、图文并茂的功能以及互相关注的接受模式设置，将整个世界微缩在这个小小的交流平台上，却发挥着前所未有的巨大作用。例如，被广大用户津津乐道的"微博反腐"（见图4-6），被人们认为这是一个肃清社会腐败的利器；解救被拐儿童事件让大家看到了微博巨大的公益力量；郭美美炫富与红十字会的遭遇也让人再也不敢小视这样由一个个单独的个体聚齐起来的关注平台。微信是在好友关注的基础上，将用户的声音作为信息媒介，以互联网做传播手段的通信媒体。它与微博一样，是信息分享型媒介。微电影、微小说、微电台则是将传统传播中的艺术形态做一个微小化的处理，缩小篇幅，以适应当下信息量巨大而注意力又相对缺失的现实状态。

图4-6 "微博反腐"

"微媒介"的出现在某种程度上迎合的是普通大众追求"快"的审美趣味和猎奇的审美心理。我们可以发布任何一个自己认为有趣的文字、图片、视频以及声音。也可以去了解其他人所发布的信息。但是，我们就此会问这样一个问题，在这样的平台上真的能实现所谓的"人人平等"吗？如果不是，那每个人的话语权代表的是什么？如果是，那为什么依然有 V、大 V 与无 V 的区分？当我们把"受众"作为"用户"来统一看待的时候这个问题实在难以回答。但是如果我们回归到传统传播体系之中会发现，作为传播者的用户与作为受传者的用户，是有本质的区别的。作为受传者，在关注的情况下是可以做到人人平等的，但是作为传播者，由于在现实生活中社会地位与身份的巨大差别，依旧难以做到人人平等。我们就此可以理解为什么那边王菲打个喷嚏都会有几十万人迎合，而这边贫困百姓挣扎在温饱线上却不为人知。

因此，我们会发现，在微博中能爆发为"事件"的微博信息，往往具有新、奇、快的特点，一方面是事件本身具有爆炸性，一方面是有某大 V 的推波助澜，否则该信息的发出就会被之后滚滚而来的信息所淹没。例如某卫视的一档求职类节目因为一个留学生在节目中疑似晕倒，而主持人的反应却被某大 V 质疑而连续几天对此事发表看法，一时间大众的目光全部集中到了这一事件上来，并出现了很多批该节目和该主持人的声音。几天之后，这件事情就风平浪静般偃旗息鼓了，仿佛它本就没发生过。

受众的信息接收力是有限的，在面对大量信息的时候，必定会选择性地接收更快、更新、更刺激的信息，这也促成了人们对"微"媒介的喜爱与追捧。

三、自我标签化

小清新最开始是从一种音乐风格发展成为摄影、影像乃至文化风格的。它在音乐上体现的是旋律的优美和清爽；在影像风格上以轻微的曝光过度、淡冷暖色系为主要标志，体现的内容多为生活中的小细节、小情趣，作为一种文化风格和生活方式，是理想化、恬淡感和朴素唯美的综合体。而重口味，则是另外一种价值取向，重口味想要撕裂所有的理想主义和唯美主义的外衣，要去展现生活中血淋淋、赤裸裸的一面，反对一切的包裹和掩饰。

这其实只是在网络上流传的众多标签中的两个。这样的标签在数字化媒介时代层出不穷并飞快传播。例如二逼青年、文艺青年和普通青年三种青年的图式演示，一被传出众人纷纷效仿，并自动对位。而最有趣的现象是，原先有贬损之意的"二逼青年"却成为最抢手的"热门货"，很多人都甘愿自认"二"，并赋予"二"更多的正面的含义。"二"越来越偏离本来的"呆傻愣"的含义，变成了"真诚，实在，忠于内心"的含义。更多的人甚至把它当成了自己一个值得称道的标签予以大肆宣扬，例如影视明星黄晓明就在某综艺节目中高呼自己是"二"并且为此骄傲。

"吃货"是北方的方言，原本的意义等同于"饭桶"，指那些饭量大，只能吃而不干活的人。而如今这个词语在网络上大行其道，所有的人一夜之间都愿意自己能成为吃货，以能吃、会吃、想吃为荣耀。最有趣的是"屌丝"的诞生与发扬光大的过程，这个从字面上看起来都不算文雅的词，来自广东方言，原意为贬损对方的微不足道、不值一提。最开始是被人用在网络中对骂的。后被骂的一方干脆就用"屌丝"作为自己的标签，并不以此为贬损，而作为自己调侃的名头并传播开了。之后，这个词被网友们添加、赋予了更多的含义，逐渐已成一个含义完整的标签。

标签从古自今都一直存在，用得最多的是对货物的区分与管理。在社会学领域，20世纪50年代有学者提出过"标签理论"，来帮助人们减少或者消灭越轨行为。所谓的越轨行为，即人背离了社会规范和控制而做出危害社会道德的事情。而标签就有利于人们自我形象的界定，人们可以透过标签与他人区隔并产生互动，在互动中被有意义的人（如教师、家长、警察）贴上标签以修正他自己的行为，避免越轨。标签的作用就是界定和区分。只是在传统社会中，标签是他人赋予，具有被动性。而数字化媒介时代，标签往往是指赋予并用于自我修正的。其次，传统社会中的标签具有警示和告诫之意，而在数字化媒介语境下，标签只是一种标榜。因此数字化媒介时代的标签也通常具有反贬为褒之意。

波德里亚很早就提出，后现代社会是一个符号的社会。他看到人们在将媒体尤其是电视媒体中看到的所有符号当作了现实，例如潇洒有魄力的总统、学识渊博的专家、亲和魅惑的明星，而这些只是包装出来的结构。而如今在数字化媒介世界中，普通的用户也在用各种语言标签、图像符号、行为方式来包装自己，要自己看起来就是标签所标示出来的那个样子。这像极了美国学者詹姆逊口中说的精神分裂感，他认为在后现代社会中，"语言三要素经过了符面、符意和符指（对应的客观世界的断裂），经历了符面与符意（相关的概念体系）分离，剩下的只是符面与符面的关系。一旦符面与符意之间关系断裂，呈现在我们面前的就是一堆支离破碎、形式独特、互不相关的符面"。

作为受众着急地不断往身上放置各种标签，也是源于意义的丢失与身份混乱，而数字化媒介加重了这一趋势。网络的虚拟感也让这种标示显得更加迫切，因此标签的出现数量与刷新频率也日益攀高。一个流行的标签的生长轨迹短到惊人的地步，就如同我们还没看清楚凤姐到底要做什么的时候，干露露也已成为昨日的笑谈了。其实标签化是媒介受众分众化与细分化的必然结果。

四、超真性体验

数字化媒介的多媒体化使受众置身于图、文、声、像等各种媒介信息的综合作用下，使多感官受到高强度的综合刺激，使人恍如置身于超真实的拟真环境中，已然习惯于"不是真实胜似真实"的超真性体验。

近年来对于真人秀节目的讨论一直没有停止过。从歌唱真人秀节目中的公平与否的争论到相亲节目中选手身份的真实性，从家长里短的家庭纠纷调解到做饭挑水完成任务等各种节目变着花样挤上银屏，都在观众的半信半疑之间耗费着大家的时间。真人秀节目是指素人（非职业演员）为了达到某一个目的，在固定的时间情境中完成规定的事情。这个过程会被记录下来并制作成电视节目播出。节目最大的看点也是最值得强调的一点就是，普通选手在完成任务的过程中的"真实"反应。人们可以通过电视和网络看到来自世界各地的真人选秀节目，而涵盖的范围也是生活的方方面面。以娱乐产业大国美国为例，除了最受欢迎的歌唱类选秀节目《美国偶像》以外，还有和服装设计有关的"天桥风云"、和超模有关的"全美超模大赛"、和舞蹈有关的"舞林争霸"、和野外生存有关的"幸存者"、和成功有关的"名师高徒"等。而我国的真人秀节目分为两类：一类是本土发展起来有良好收视率的，比如《非诚勿扰》和《非你莫属》等；一类是从国外引进版权并大获成功的，比如《中国好声音》《我是歌手》等，当然也有水土不服效果不佳的。总体来说，真人秀节目现在成了电视节目中不可忽略的一部分，并且有愈演愈烈的趋势。人们总是在边看节目，边讨论节目中谁的表现更真实，那样就会被认为是更加真诚的，从而获得更多人气，更加受人欢迎。

在 2013 年 8 月 13 日至 15 日举行的 2013 中国互联网大会上，倡导共守"七条底线"，其中"信息真实性底线"就是其中的重点内容。除此之外，社交媒体和社交网站实名制的底线要求，也在曾经被认为完全虚拟的网络世界中强行加入了"真实"的元素，收到了意想不到的效果。以世界上最有名的社交网站 Facebook 为例，它最大的特点是，注册条件十分严格。它需要用户必须在每个大学的 IP 地址范围内才能注册，并要求使用真实姓名、真实信息和本人照片。注册成功的用户可以有自己的主页，发布信息和分享内容，也可以实现用户之间的互动。同时可以帮助筛选有共同点的用户以帮助他们聚集起来。它同时致力于将现实生活中的社交内容在软件里面得以实现，比如互送礼物、留言、"戳一下 (Poke)"、视频发布、最好朋友设置等。

无论真人秀还是 Facebook 的大受欢迎都体现出人们希望通过媒体获取"真实"的愿望，但这是否可以如愿呢？电视因为影像的可视性总是给人以展现现实的印象，尽管人们早就发现，媒体展现的"现实"是加工过的现实。但是由于人们总是通过电视来获取信息和了解自身之外的世界，因此总会误以为那就是"真实"。而网络由于它的间接性传播总传递着一种不确定感。面对"真实"，电视和网络曾经是南辕北辙，如今从不同方向走上同一条道路。

媒介的现实与日常生活的现实之间的关系如何呢？那是相互渗透、相互影响的。媒介现实是对日常生活的一种加工和再造，人们会用这个再造的真实来比照日常现实并再一次对日常生活进行改造。就如同广告为了出卖产品而为观众营造一个妙不可言的日常生活情境，这也是观众生活所努力的方向。沃尔夫冈·韦尔德在其《重构美学》一书中提道："日常现实在传媒现实内部发生，传媒现实进而影响日常现实这一事实，令事情变得更加复杂起来，由此观之，便不再可能在日常现实和传媒现实之间划一条清楚的界限。"●媒介就是这样在真实的外衣下吸引我们的眼球，改变我们的生活。

● 梁书.网络时代的日常生活审美化 [J].山东师范大学硕士论文，2009（6）.

第四节　新媒体下审美形态的新形式

人类实践活动创造出各种媒介审美形态，它们的具体存在反映出所在时代环境和技术的发展变化。媒介随着社会环境的发展产生变革，演进出多样化的形式，且产生与之相对应的传播符码。不同的媒体的有不同的信息表现形式，传播媒介决定着信息与生产、生活具体行为结合的能力。在数字化的媒介语境下，传媒外在和内在审美形态为人们的媒介生活和审美创造与实践提供了更多的选择。人们与这些形态相伴的同时，逐渐地改变着生活与思想，因为"某个文化中心交流的媒介对于文化精神重心和物质重心的形成有着决定性的影响"。数字化媒介为多种传媒形式提供了无限可能的平台，呈现出多姿多彩的传媒审美形态。

一、数字化图文传媒审美形态

随着时代的不断进步，不管图像传媒还是文字传媒都被赋予了更多的使命。随着数字化进程的不断发展，越来越多以数码形式存储的图像和文字被广泛地运用于人们的生活和工作中。

（一）传统图文向数字化图文的转变

"图文传播是利用图像、文字或两者相结合的方式通过传递信息的工具或渠道来实现传递、获取、交流、存储信息的一种传播方式。而图文传媒则是以'图'的形态，'文'的形态或'图文结合'的形态表现的传播媒介。"中国独特的象形文字源于图形，"图"和"文"一脉相承使它们能产生相互融洽、互渗与互文的传播效果。日常生活中，一说到图文传媒，我们首先想到的是以印刷为主的图书、报纸、杂志等，里面既有图形又有文字，这些传播媒介与电视、广播一起被称为传统的五大媒体。

图文传媒与技术息息相关。19 世纪中期西方列强用大炮开启中国闭关锁国的大门，同时也将西方工业文明带进了中国，"西学风"在当时的中国各地兴起，"洋为中用"为图文传媒的进步奠定了基础。与此同时，一些先进设备的进入也加速了图文传播的进程。传统的图文传媒在 20 世纪为传达信息起到了非常重要的作用，以纸质文档为主的传统图文传媒带着印刷油墨的特有芳香进行信息的传播。一份《参考消息》、一本《读者文摘》、一篇小说在我们日常生活中占据了相当大的分量，它们是人们了解世界的窗户。随着科技和经济的发展、社会生产力的提高和商业的需求，以及在物质富足的环境下人们对精神的更高要求，现代的图文传媒范围小到报纸的排版、图书的装帧，大到户外楼宇广告、电视图文包装，无不展示着异常丰富的形态。互联网在 20 世纪 90 年代开始崭露头角，成为仅次于电视、报纸、杂志和广播的第四大媒体，二进制的字符串赋予了图文崭新而强劲的数字化生命，数字化传媒中图像与文字的比例也随之发生了重大的变化。传统平面传媒中，图像仅作为文字的解说，不会占太大的篇幅。但数字化传媒时代背景下，相对于文字的线性叙述方式，图像呈现较文字表述更简明易懂，生动有趣，也更节省阅读时间，加之便捷的摄取图像的软件工具使我们获取信息更加便利。

随着摄影技术、电影技术、电视技术的发展变迁，加上现代数码影像技术、网络技术的发展，我们已经进入"读图"时代，"图说"成为人们了解世界、发现世界及解读经典的主要方式。正所谓"一图无语，胜似千言"。图像一方面以其较强的视觉直观性，提高了信息传播和人际交流效率，增强了视觉传达的吸引力和感染力；另一方面随着图像处理技术高速发展和实际运用，视觉认知从偏重文字转向偏重图像，图文并茂的吸引力和唤起能力大大优于单纯的文字表述。1994 年，网站 HotWired.com 与美国电话电报公司 (AT&T) 签订了第一份广告合同并于该年 10 月将第一份网络广告以 468×60 像素的横幅形式在该站点发布（见图 4-7）。从图中可以看出，图中的文字被图像化、像素化，同时文字也被打上了数字化的标签。此后，网络中静态图像与动态图像以各种存在形式进入我们的日常生活，如影随形地伴随人们左右。

图4-7　世界上第一条商业网络广告

时至今日，宽带的快速普及，使网络传输容量和速度都得到大幅提高。宽带技术的普及也大大推动了数字化图文传媒的发展。在数字化背景下，现代图文传媒的范围较传统范围更广一泛：电子邮件、网络广告、互联网搜索、微信、微博、网络游戏都以数字化图文形式呈现。随着通信技术的发展，智能平板手机的流行，手机短信和彩信、微博、微信作为一种新的图文传媒形式也正迅猛发展起来。数字化语境下，图文传媒的外在表现更趋于内容多元、形式多样的融合构成。

（二）数字化环境下图文传媒的审美形态

随着数字化革命的发展，图文传媒的审美形态发生了一系列令人惊叹的变革，视觉传播在现代人类众多传播方式中占据主导地位。在数字化信息传播时代，人类文明高度发达，随着物质生活的提高精神需求的品质也相应地提升，人们在满足基本信息交流的同时，对作为传播媒介的图文形态提出了更高的审美要求。

1. 多元化、多样化的图文形态

在网络传媒高度发达的今天，图文传媒中多样变化的图像特性正好适应全球化多样性文化的传播与发展。以跨国公司的网络图文广告为例，总部依托品牌公司设计广告创意，在总部广告创意的统领下，各子公司的广告也会结合所在国诸如生活习俗、语言文字、社会心理、宗教信仰、音乐文学甚至是颜色、图像、标识等文化元素进行调整。比如可口可乐广告，虽然代表企业文化符号的色彩、标识等元素是统一的，但是不同地区或国家使用的彰显品牌符号的元素是存在差异的：中国特有的风筝、2008年奥运会，英、法等国通用的插画、涂鸦，巴西的南美式热情及其流行歌手形象，印度的旅游风情等。在品牌图像的使用上，国家或地区的差别呈现细分化且多样化趋势。在网络广告图像的使用上，各种标识要能反映品牌的辨识度，让受众一眼就能明白是什么品牌，同时也要蕴含地域文化以满足受众的异域文化猎奇心理，同时本土文化符号来的使用也能获得所在文化区域受众的认同，而且在此基础上赋予的新影像与记号还激发人们广泛的感觉联想和欲望。尽管不同文化有不同的图像语言，但可口可乐视觉识别系统的标准文字限定使信息在传递中实现有效传播（见图4-8）。

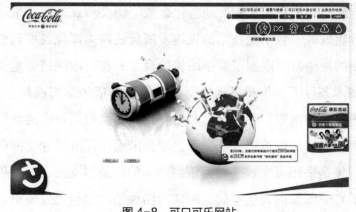

图 4-8　可口可乐网站

2. 以图像为主以文字为辅的图文形态

图像时代，文字表达转为视觉呈现为主导，文字说明简明扼要。图像的视觉呈现不同于线性的文字表达，图像非常直观地告诉我们所要表达的内涵，而解读文字需要在头脑中还原或树立形象。图像可以通过数字化技术复制、截取甚至合成，通过蒙太奇的思维方式，可以把众多碎片式的、表现不同内容的图像合成一个叙事整体，图像的多重含义取代了文字的抽象表达，图像的精美度、对人的吸引度已经密切关系到信息传递的速度和广度。

当今人们生活的时代是一个信息庞杂且变革迅速的时代，紧凑的生活节奏加上较大的生存压力驱使着人们不断奔波忙于生计，几乎没有时间坐下来慢慢地品读某段文字。紧张的生活节奏让人们迫切地从言简意赅的文字中获得尽可能丰富的信息，在这样的生存语境中，图像顺理成章地成为人们阅读的主要元素。与抽象化的文字相比，生动形象的图像更容易引起人们的兴趣，信息更丰富且更容易让人理解。因而，在具体的图文传播过程中，首先跃入人们眼帘的是图像，而概括大意的简明文字则是点睛之笔，成为串联故事的细线。

3. 动态化、数字化的图文形态

于传统图文传媒相比较，动态化是数字图文传媒的图文呈现的重要特征。毋庸置疑，数字化技术的飞速发展促使网络图像发展到更高的阶段。早期的网络带宽限制了数字图像的尺寸，在有限网络带宽及低层次的动画技术条件下，不得不通过降低数据量形成矢量图或静态 GIF 图，这两种图包含的内容和图像信息相对较少，而且数据量会随着图像尺寸的加大而剧烈增加以至于降低浏览速度，因而图像的尺寸受到限制。因为 GIF 图像是采用可变长度数据压缩形成的，最多支持 256 种色彩，这就限定了 GIF 图像的表达空间，相应的图像语言也会比较简单。此后随着数码技术的推进，图像语言产生了质的变化，实现了静态 GIF 图像向动态图像的转化。电脑动画技术的成熟，简单的 GIF 动画发展到 3D 动画和 Flash 动画。Flash 技术的出现，为数字化媒介传播的创新带来了革命性的飞跃，它不仅数据量小而且具有很好的画质，从而使数字图像卡通化、游戏化、交互化，这样数字图像语言得以丰富。同时，文字除了辅助图像传达信息外，大量文字图像化，文字的变化也丰富了图像的内容。

4. 直观性、时效性的图文形态

图像化时代，人们没有充裕的时间以及足够的耐心对线性叙事的文字进行阅读并思索，这是由审美对象范围的扩大和现代生活节奏的高速运转导致的，不仅丰富多彩的图像信息让人目不暇接，而且紧张的生活让人们乐于沉浸在图像的娱乐氛围之中几乎忘却了传统意义上的阅读。电子传媒传播更廉价、更丰富且具有巨大吸引力娱乐产品，非常容易把人们的注意力吸引过去。传统阅读中沉重的思考、曲折的心理转换在数字化图文的呈现中依附于图文符号的表象之下，而且容不得人们深入探索。由于图文信息传播的迅捷，如果人们在看图时陷入沉思，人们还没来得及回味其意义，其他的图文信息早已进入眼帘，后面的图文铺天盖地而来会形成信息堆积让人无法处理，导致信息的阻塞。于是，图文传媒的直观明朗成为图像表达的最基本要求，人们在对图像的长期接受中形成了浅表性的思维模式，以跟进图文信息的瞬息万变，久而久之图文传媒便成了数字化环境下大众接收信息时所必须依赖的事物。基于思维模式的深浅不同，相对于文字的识别，图像在一定程度上消除了知识不足所带来的不便，更具有大众性。当然，这也许是文字的多义让人费解、图文传媒使信息传播的途径更为畅通所致。色彩多样且内容丰富的特性使得图像更易吸引人的眼球，并且常以瞬间的形态突出信息最需要传达的部分，彰显事物的生动。而且图像瞬间变化的形态最能吸引人的注意力，且最能表现事物发展的本质，这样，图像本身强大的视觉冲击力让受众在临场感的情境中把握生活和世界的本质。

5. 大众化、世俗化的图文形态

不断提高的物质生活满足了现代人基本的生理和心理需求，人们转而对精神生活提出了更高的要求。普通百姓对于博物馆的高雅艺术在心理上产生了明显的距离感，在很大程度上只是仰望。随着媒介终端的普及化与大众化，生活化、世俗化的图文传媒带给人们心理上的放松与愉悦，人们乐此不疲，对于世俗化图文传媒表现出强烈的需求。大众已经习惯了各种图文传媒包围的生活氛围，对于严肃的、公文式的、文字化的传媒逐渐地丧失了兴趣，甚至反感传统说教式的传媒表达。当代人们愿意生活在轻松娱乐的时空中，人们在数字化环境中不仅是接收信息者，更是参与传播者。普通的图文经数字化后轻而易举地被贴上了世俗的标签，其中不乏恶搞、审丑、怪诞的成分。如2012年一组名为"杜甫很忙"的系列图片在微博上疯转。在这些再创作的图片里，杜甫时而手扛机枪，时而挥刀切西瓜，时而身骑白马，时而脚踏摩托……在极短的时间内迅速红透大江南北，而此时恰逢"诗圣"杜甫诞辰1300周年。这组被涂鸦的杜甫画像是画家蒋兆和1959年创作的，主要表现了诗圣杜甫忧国忧民却又压抑无奈的心境，整个画面充满悲愤苍凉的色彩，具有强烈的时代特质。但一经恶搞后，杜甫的忧郁和悲愤被赋予了对新的时代世俗的忧思。"安得广厦千万间，大庇天下寒士俱欢颜"的名句成了对时下房价居高不下的呼喊代言词；"吏呼一何怒，妇啼一何苦"成了人们对物价民生的关注。尽管有人说对于"诗圣"杜甫的恶搞是对前人的形象诋毁，但不能不说"杜甫很忙"系列是大众对当下各种现象的自嘲与内心重压下的一种释放或宣泄。

图文媒介的生活化、世俗化加剧了当代审美的世俗化。传统审美是高雅的活动，只属于饱学之士和精英们，把普通大众排除在外。图文传播中由于图文位置的互换，以图为主以文为辅，信息主要图像符号来传达，诉诸视觉直截了当通俗易懂，不需要心理转换，对审美主体的要求降低了，图文媒介带来审美世俗化的同时，让审美活动接地气回归到大众中间。

二、数字化影像传媒审美形态

数字化进程的加剧发展带来的不仅是数字化图文的发展，受到更大影响的莫过于数字影像。人们生长在电视、MTV、广告、电子游戏、网络的时代。他们不仅深深被这些影像化的媒介所包围，享受并沉迷其中，而且也能更快地处理信息，快速地吸收和传播信息。人们基本已摒弃了传统的飞鸿传书，继而代之的是通过网络发送的 GIF 或 Flash 动态影像；人们也喜欢用数码产品对自己的生活进行影像化记录；人们更习惯通过数字化设备了解此时世界范围内所发生的以及过去错过的一切。从数码相机及摄像机的普及到数字电视的入户，从每分钟上传能播放超过 48 小时影像的 YouTube 到国内视频网站优酷，它们无不为数字影像提供了制作和传播的平台。

（一）技术带来的影像变化

人类正在经历的一次革命性传播方式的变化是正在进行中的电子传播向数字传播的飞跃。电子传播以电视、电影传播为首。20 世纪电影的发明带给人们的不是惊喜而是惊恐，如 1895 年卢米埃尔兄弟在播放《火车进站》的影像片段时，观众被直冲而来的火车吓得逃离座位；又如 19 世纪早期照相术传入我国时，人们强烈感受到被正前方的方匣子摄走了魂魄的恐惧。但随着时代的进步和技术的发展，以电视为主的影像传媒在 20 世纪后半叶各种传媒的竞争中占据了充分的话语权和主导地位，以点对面单向传播的方式成为人们日常精神生活中不可缺少的部分。此时人们怀着早期照相术刚传入时的心理，认为电视将会使人们丧失对文字的兴趣，人们惶恐地认为会被这种强权的影像媒介吸引——不论是有知识的人还是没文化的人。而电视工作不以人的意志为转移，那么强势地、光彩照人地、形式多变地影响着人们的生活。各种不同的频道从声音到影像对人们进行视听轰炸，且完全地满足了当时人们的休闲娱乐需求。于是不少文人对其发起了质问，也有不少人甚至对电视影像极其排斥。数字技术的快速发展带来的是更多如洪水猛兽般的影像，它完全改变了单向传播的方式，取而代之的是点对点网状传播和互动传播。

数字技术是软件技术的基础，是新媒体传播的内核。数字技术的发展使多种媒体的融合成为可能，使影像信息的交互和互动成为可能。影像也从传统的以娱乐为主要功能，以视听为主要形式，扩大到以体验为主要功能，以多维度感受、以交互虚拟为主要形式。夸张一点说，我们周围充斥着各种影像，数字化打破了我们对传统影像的理解，数字化影像一步一步的影响我们的生活方式、思维习惯。

电视机和计算机的发明，电子出版物和互联网的推广，这些新技术极大地改变了影像信息在传播中的地位。事实上在数字化媒介语境下生活中还有很多便携的数字设备可供我们选择，如：数码相机、数字摄像机、iPhone、iPad 等移动设备。它们都能为我们日常生活的点点滴滴做大量的记录、掌握、控制、游戏、传播，让我们娱乐其中。我们逐渐习惯了被这些数字设备包裹着的生活。数字技术下的人们完全改变了多年前坐而不动，被动接受电影、电视影像的境地，转而主动拿起手中的数字设备进入到摄、录、播的新的生活方式中。除了原生态的摄、录、播状态，数字化软件为我们的数字化影像提供了自主编辑的功能，也为人们增加了更多的乐趣，同时也改变了我们看待自己的方式，让我们更能直面当下的生活环境和生存状态以及对美好未来的期许。从大的数字环境对技术的运用来看，数字技术在电影电视的创作过程中直接生成虚拟的模型并最终输出为视觉上逼真的角色，甚至是取代了传统影像中不可或缺的表演者。这不仅是对现实与影像世界之间界限的消解，更是对传统电影电视所强调的真实性概念的冲撞。例如，2009 年上映的科幻电影《阿凡达》（见图 4-9）就为世人带来了不同于以往的视觉奇观，让观众感受到一种新的生命体验。而这部吸引了无数眼球、赚取了巨大票房的影片，其背后有着庞大的技术团队和高科技手段的支持。据统计，该影片动画渲染所占据的硬盘存储空间就超过 1PB，根据通常每隔硬盘的存储空间为 2TB 的化，也需要由 500 块这样的硬盘来搭建这套存储系统。电影的画面 40% 来自实景拍摄，60% 由电脑动画合成，为了拍摄立体画面，该电影使用的全新 3D Fusion Camera 系统也耗资巨大。在这部两个半小时的电影中有 1600 个特效镜头，而与过去同为科幻电影的《金刚》（*King Kong*）不同的是，《阿凡达》的 CG 角色不止一个，而是几百个，且都要有照片般的真实感。

可以说，每一项技术都是人类意愿的一种表达。我们通过工具扩展我们的力量，控制周围的环境，包括控制自然，控制时间，控制距离，控制彼此。尽管本小节与麦克卢汉在《理解媒介》中的技术决定论观点相异，但我们也不得不承认技术赋予了数字化时代的数字化设备和数字化媒介更普遍的意义，它"把以往局限于少数精英群体的思维模式扩展到普通民众中"。

图 4-9　科幻电影《阿凡达》

（二）数字化环境下影像传媒的审美形态

对于数字时代影像的存在可以说是只要我们睁开眼就能感受到，移动媒体、电脑网络、数字电视、户外多媒体广告等，影像的强大叙事能力使得大众再也不愿花大把的时间消耗在阅读文字上面，取而代之的是宁愿花少量的时间观看由这些文字改编而成的视频影像。大众对影像的消费也带来数字影像传媒新的审美形态。数字影像就表现形态来讲可分为静态影像和动态影像，真实影像与虚拟影像，电影电视影像与电脑图像。这里我们着重对动态的真实与虚拟影像进行探究。

1. 技术与艺术的结合形态

如上所述，技术在影像传媒中具有极其重要的作用，人类的文明从来都没有和技术的发展分离过。从早期的电影《金刚》《侏罗纪公园》到《魔戒》三部曲、《汽车总动员》再到近年的《阿凡达》，数字设备与技术所带来的影像奇观及其传播方式使观众从瞠目结舌到逐渐熟悉再到全然接受。数字影像艺术作品的表达有了质的飞跃的同时，也给观众带来了一浪高过一浪的视觉享受和审美冲击。从 20 世纪 50 年代出现的以数字技术为核心的 CG 图形图像（Computer Graph）到 80 年代走向成熟，从 21 世纪最初几年以 3D、MAYA 为主要制作手段的"炫耀技术"到今天技术与艺术的完全融合，数字技术融入到各种艺术中让我们感受数字特效所带来的惊奇外，也让我们感叹数字技术对艺术表现的强大影响和强力介入。这一点我们可以从 3D 影片的视觉表现力可见一斑。《阿凡达》将精湛的影像、超乎寻常的视觉奇观呈现在我们面前，让我们如身临其境般真实感受到不同生物的存在。这部影片在第 82 届奥斯卡金像奖中获得了最佳艺术指导、最佳摄影和最佳视觉效果三项视觉技术类大奖。这些影片的成就主要在于其技术与艺术的完美结合。这也可以反映出从普通大众到专业评审的审美价值的转变：我们观影的重点从传统偏重于真实逻辑叙事和对现实生活重现的审美心理体验，转到对视觉特效、虚拟空间艺术与情感叙事并行的审美追求。

除了真人实拍电影影像以外，动画这一完全凭想象制作拍摄的影像艺术更是体现了技术与艺术的有机结合。在传统的概念中，动画是具有强烈艺术性的，不论是手绘二维动画、剪纸动画、木偶动画还是材料动画，它们都必须一帧帧或绘制或摆拍，这对于动画师的艺术修养有极高的要求。而当数字技术介入后，这种要求有了方向性的改变，某种程度上来说数字技术一方面使动画变得平民化，而另一方面又使动画变得高科技化。动画的平民化是指 Flash、3D、After Effects 等制作编辑软件的出现为大众带来了新的娱乐方式，大大简化了逐帧制作动画的烦琐，并轻松为动画或拍摄影像增添炫目特效，将动画制作门槛降低到大众能制作、消费并传播。但动画最本质的特征是虚拟性，要做到虚拟而不虚假的动画艺术作品需要极大的金钱、技术的投入。虚拟的人物、虚拟的实景、虚拟的氛围，一切视觉魔幻基本都需要对数字软件的研究和开发。这种研究开发就不是一般老百姓能进入并把握的，它需要专业的知识，最好是开发软件的能力兼具良好的艺术修养，这些虚拟是对过去、现在和未来的假想，是一种要令人信服的无中生有，是对现实生活最本质认知的艺术化表现。

2. 真实影像与虚拟影像的结合形态

数字化语境下影像的虚拟性是最为突出的形态之一。早在 1988 年一部《谁陷害了兔子罗杰》实现了虚拟动画与真人实拍的结合，堪称动画史上的里程碑之作。至此真实与虚拟的融合顺应数字技术发展和消费趋势，成为不少影像作品的不二选择。先借助计算机仿真技术，再通过数字软件成像，最后通过光与影的投影生成为虚拟影像。数字技术和图像处理技术所带来的虚拟技术同时给予了人们心理上和生理上的虚拟体验。

以前我们常说"眼见为实"，现代的虚拟影像将这一说法彻底颠覆。尽管电影、电视等影像世界里早已具备虚拟性的特性，但此种虚拟性是基于二维的虚拟平面影像，是对现实的再现和复原。尽管在前面所述的3D 电影《阿凡达》中处处可见经计算机处理生成的虚拟的奇异星球的场景和角色，但那都需要人们戴上特殊的眼镜对着屏幕进行观看，这对大众来说是一种位置的限制，并且这种数字影像是在二维平面的屏幕上对真实 3D 世界的模拟，我们不能越过屏幕看到物体的另一面。而本节所述的数字影像的虚拟性是指在不借助佩戴眼镜的情况下裸眼观看的全息影像，并且能够在位移中看到事物的各个面。在 2007 年 DIESEL 发布的 2008 年春夏时装会（见图 4-10）上展现了一片虚幻的全息流动空间。我们可以看到 T 型台空间不停变化，模特穿行于虚拟的影像之间，时而呈现出流动海底的庞大生物，时而幻化为数百条闪闪发光的小鱼，时而模特虚幻的影像蜕变成抽象的机械装置。真实与虚拟相融无间，在我们惊叹高科技的同时也享受了一场超现实主义的多媒体虚拟的视觉盛宴。

图 4-10　DIESEL 2008 年春夏时装会

如果说 DIESEL 的时装发布会是对我们感觉上的刺激，心理承受上的一种冲击，那么人们与虚拟影像的交互更能让我们在心理和生理两方面获得与过去完全不同的感受：美国南加州大学的一个团队开始了一项全息空间的项目，让玩家可以享受 360° 的虚拟实景游戏。这项技术将允许用户在一个大的虚拟空间里面娱乐，而现实中只是在一片小的区域活动。当你休息的时候，在客厅里连接上这套系统，就可以进入广袤无垠的虚拟世界娱乐。玩家在真实世界做出的动作，画面中的虚拟人物也会跟随做出同样的动作，玩家在现实中用手的动作来控制游戏里的动作，画面也会随着玩家的移动而变动。由此我们延伸思维并预想，以后的 3D 虚拟游戏玩家可以在真实世界做动作，而在虚拟世界中产生的力会反映到真实玩家的身上，这样加强了游戏的临场感和沉浸感，实现完全的双向互动。

3. 非线性编辑与轻易复制的构成形态

尽管影像的可复制性中包含了对影像本身对现实的复制，在数字化语境下，虚拟影像的技术化生成，使我们可以实现对影像元素和作品的无限复制。

在早期的机械复制时代，照相术的发明产生静态图像并能通过对胶片的冲洗得到大规模的复制，同时也迎合了工业时代批量生产的市场运作。在 20 世纪 30 年代德国著名思想家本雅明看来，机械复制是当代文化的一个重要趋向。可复制性在当今数字媒介时代因为网络媒体的传播实现了自身跨越空间的复制，可以说达到了极致甚至泛滥的程度，使得影像传播更为迅速。就传播信息来看，作为可复制性的数字影像以其迅速批量生产、不断克隆的庞大生产能力使大众广泛参与制作、传播信息成为可能。这种可复制性加深了人们视觉上形成的固定形象，使人们能够在看到时就迅速辨认并做出判断。同时数字化的特性也使得影像无限播放、无限重复，丝毫不会对母本产生影像品质的影响。但对影像的可随意复制使得影像价值十分廉价，影像本身的原创性也受到拷问。这种影像以碎片的形式将复制后的元素再通过非线性手法交错在一起。数字化语境下的影像就这样被轻易复制、修改、拼接、颠倒、重组、跳转，将时间、空间、影像本身揉碎在一起形成全新影像艺术形式。

三、网络文化审美形态

自互联网产生的短短二三十年间，网络已经成为即时通信交流收发信息的首选媒体。网络的发展过程中不断地消解并吸入其他传媒的外在形式，不仅作为一种媒体传播信息，更是作为一种工具，最终形成有自己特色的多样化的审美文化。作为传媒文化中的一员，网络文化的形成和发展如同胶片感光般的速度，把传统传媒文化数百年的历史跨度压缩到短短几十年，网络的发展史就是网络文化的发展史。通过一些学者对网络文化的界定我们可以看出网络文化是全新的，与我们生活方式相关的，以数字技术为手段的，以网络为平台的，以多元信息加工、传递、交流为目的的信息文化。正是因为它融合了多种媒体的特性，使其有着传统单一媒体无可比拟的信息包含量而被广泛运用到人们生产生活的方方面面。

（一）网络的发展促使网络文化的形成

网络作为新兴的信息承载者和传播媒介，具有时效性、跨时空、交互性、广泛的覆盖率等传统媒介不可比拟的优势而迅速地巩固着自己的地位并不断地扩展和延伸，被称为继报刊、广播、电视之后的"第四媒体"。也正是因为网络数字化记录信息的内在特质，没有了传统媒体那样的印刷、发布、运输等层层环节的耗时，使得网络信息的传播可以在发布面市的瞬间不分时空地传递到千家万户。网络不断扩大，信息不断增加，网络信息在发布之初被要求做好初分类，基本上所有大型门户网站的内容编排基本采取板块式结构，比如新闻、游戏、科技、财经、娱乐、搜索、聊天等，利用功能强大的搜索引擎，让我们在如此细分化的信息海洋中，可以轻易地定位自己想要的内容，而不用再观看无关的信息。

网络中的人们更像一个随时都有目标的猎人，从以前的被动接收转变到主动获取，受众也从被定位过渡到自主定位，而此时信息传播的形式逐渐由门户和大众媒体的中心化转向个人终端分散化，传播由中心化特征演变为中心的弱化，并呈现出多中心的趋势。如今精确定位的订阅定制时代，更多的信息如潮水般挤压着大众的时间，网络的黏性也常常把我们拖向无底的网络泥潭，耗费大把的时间和精力，但是网络功能的进一步发展可以帮助我们从这些束缚中解放出来，只关注自己感兴趣的那一小部分。

社会文化是代代累积沉淀的习惯和信念，它体现在如何对待他人、对待自己，如何对待自己所处的自然环境等方面。在数字化为主的符码环境下，网络的加速度发展不仅加速了人们的生活节奏，更加速了新的网络文化的形成。它消解了文化形成所要求的累积和沉淀过程，以新的文化形态体现出我们当下日常生产和生活状态的价值取向，更体现了现代人在极速的数字社会、信息社会中的精神要求。

（二）数字化环境下网络文化的审美形态

网络文化是在现代数字化平台上发展起来的，整合了网络技术与文化、迥异于传统文化的一种新型文化形态。甚至有学者认为这是"一种网络生存方式"。

1. 数字化中的超文本形态

网络对信息的传播速度和广度使得它迅速地成为与人们生活和工作有着紧密联系的伙伴。不同类型的人为其提供不同的资讯，这些资讯以超文本传播形式，同时加入声音、图像、影像及动画，相互参照链接从而形成多媒体信息组合。超文本的重要性在于，它让我们感受到网络的庞大：每个人都是一个节点，每个碎片知识都是一个节点，但这些节点却相互关联。超文本将文本细分，借助链接，如同穿珍珠项链那根细线般将各种碎片式的文本串联起来。超文本允许人们随时随意地在各节点间跳转，这种超越传统文本形式的非线性文本对人们的读写能力都形成了极大的影响。尽管有研究表明超文本庞大得让人们感受到信息过载，而且它会削弱对内容的理解，分散精力，打断了持续的想法，但我们不能不承认网络世界又是极其人性化的地方，是可随意驰骋之地。2003 年前后，Web 2.0 出现，人人都可成为内容的制造者。用户既可以发布制作，也可隐身幕后，被动阅读；可以复制、粘贴、转载、链接，也可参与评论。以人为本让用户感到自由自在、无所拘束。这较以往来说是一种全新的审美形式，也是一种高高在上的、高尚的、纯净的、神秘的、全新的审美体验，人们主动地、高时效地、随意地去获取、编辑或传播多样而又多元的信息成为一种自觉，数字化超文本语言为我们洞开了网络海量信息的大门。

2. 多元化中的微生活形态

网络既是大众传媒又是个人传媒。随着社会的科技化发展，人们在生活快节奏和数字科技化的影响下审美观念发生着前所未有的巨变。随着网络文化在呈现形式和呈现内容上的多元化，新旧文化发生着激烈的碰撞，使过去仅局限于少数精英群体的思维模式扩展到普通民众中。传统的审美价值观被数字化社会的多元化审美价值打败，网络后现代文化的价值取向是一种大众的、日常化的、世俗化的、伪崇高的，而作为体现这些价值取向的多元审美形态不仅拉近了与大众的距离，也让个人、自我跳到台前。今天的经济消费时代让个人产生更多的欲望，更多的浮躁，更多的狂欢心理，原本隐藏在深处渴望表现的自我在多元的节点上跳来跳去，时下各种热门的微生活形态成为各个节点的外在表现。从微博客、微小说再到微电影，自我表现在"微"字中大行其道，"微"不仅是生存的态度、价值的体现、审美的体验，在带来更多表达的同时，也映射着我们的浮躁。"微"将我们所处的任何事都零碎化、简单化、日常生活化。我们常常一大早还睡眼惺忪就刷下微博，看看有没有什么错过了，在一篇又一篇与己无关的生活的信息中再次陷入睡梦；我们常常在最亲密的朋友聚会上面对面坐着却拿着手机给对方发私信或微博；我们常常惜字如金，可说三字绝不五言，但又不能自已地在网络的各种应用中不停地"吐槽"；我们的微关系中常常因为关注了同样的人进而可能对话一两次，但我们却相互不认识；我们还常常没有时间看长篇大论的小说，甚至也没有时间看部完整电影，但看个微小说、微电影也能解馋。从早期的 Facebook、Twitter、豆瓣到近期的新浪和腾讯微博、叽歪、饭否、啪啪等，以"微"为代表的新形态正改变着媒体传播的格局，它改变我们生活和思维方式的同时也建立了大众新的审美形态。

3. 碎片感中的平面化形态

消费经济、工作压力、精神浮躁、信息爆炸、获取便利、传播迅速等种种当下人们的状态都要求人们在有限的时间里消化信息的内容，而面对洋流般无极限的信息，我们的消化能力如此有限。但当"艺术与日常生活之间的界限被消解了，高雅文化与大众文化之间层次分明的差异消弭了；人们沉溺于折衷主义与符码混合的繁杂之风格中；赝品、东拼西凑的大杂烩、反讽、戏谑充斥于市，对文化表面的'无深度'感到欢欣鼓舞"❶。与传统文本的线性结构不同的是，网络文化中无极限的信息并不是一块大饼，有紧密的结构，严密的逻辑，而是因前面所述超文本结构呈现出碎片化的形态，在此形态中不仅有文字，更有图像、声音和视频等媒质。在此形态中，传统的三维时空关系被打破，取而代之的是开放性的结局，没有严格意义上的开头结尾，以至于尼葛洛庞帝在他的《数字化生存》中称"超文本为没有页码的书"。大众在这片网络的碎片信息泥泞中无力自拔，越来越依赖，也越来越习惯。俗话说"习惯成自然"，我们不再对标题式的信息提示感到奇怪，也不再对摘要似的内容感到好奇，内容的碎片化在吸引我们注意力的同时也分散了我们的精力和注意力。越来越多的人参与制造和传播，造就了平面化和无深度感，使之成为网络文化区别于传统文化的重要特征。平面化使我们在阅读此处的同时心里还在想着其他更多的更宽广的相关内容或补充内容，我们纠结于此信息与彼信息之间，而不是持续地专注于某一段信息，逐渐地平面化改变了我们的思维习惯。当大脑对信息的载入过重后，多余的信息如自来水龙头中的水一样哗哗流走不产生丝毫影响，因为还有更多的信息我们要去分拣出来为我所用，我们来不及思考，来不及多想，来不及刨根问底。我们生怕在些许的停留思考中落后，有重要的信息没有掌握到，其实这些信息大多都与我们的初衷无关。数字化语境下我们惧怕被时代所弃，被网络中不曾谋面的朋友讥笑。所以"深度感"是什么和"我"关系不大，我们的眼光总是向前。当太有深度的文字在我们面前时，已习惯平面化的我们反而会感到紧张、焦虑、心慌。

四、数字化移动传媒审美形态

数字化移动媒体是以移动终端为主要载体，是为移动中的用户提供信息的媒体。近年来数字网络和便携式阅读器强势发展，从狭义上讲主要是以手机、掌上电脑、户外媒体为代表的数字化移动媒体。

---

❶ 贾丽萍. 困境与出路——20 世纪 90 年代城市写作的一种阐释 [J]. 江苏社会科学，2005（3）.

（一）数字化移动媒体的发展变化

中国传媒大学学者丁俊杰在 2010 年"中国国际新媒体影视动漫产业发展高峰论坛"上就全球数字移动多媒体格局与走向发表演讲时提道："数字移动媒体有三个关键词，第一是媒体、第二是数字、第三是移动。"硬件与软件条件所形成的数字化媒介语境下，人们对信息传播需求的变化所带来的审美要求的变化。

2003 年 7 月，美国新闻学会（The American Press Institute）的谢因·波曼（Shayne Bowman）与克里斯·威理（Chris Willis）两人联合提出的"自媒体"（We Media）定义："一个普通市民通过数字科技与全球知识体系相连，提供并分享他们真实看法、自身新闻的途径"。近年来出现的博客、播客都属于自媒体，但在此我们不得不说因为移动媒体的大力发展起到了强力推动作用，真正使自媒体发挥能效并走向成熟，使自媒体拥有了更大的话语空间和自主权。而以手机为代表的移动媒体透过 3G 技术的更新使人们随时随地地把视频、音频、短信、彩信以及文字、图片传播给其他人。在用户生产内容的 UGC 模式下，移动媒体充分体现出自媒体的优势，形成信息生产—信息传播—信息接收的循环（见图 4-11）。近几年来，随着数字手机等移动媒介的兴起，媒介的使用呈现出"碎片化"'和"分工化"的发展趋势，最为典型的就是"微内容"的崛起，微内容是指形式短小内容广泛、形态多样，生活化、个性化、平民化的手机内容。"微信"正是基于此应运而生的手机应用。微信的出现充分挖掘了人作为"自媒体"的功能，降低了内容生产和发布的门槛，为"微内容"提供了重要的信息来源，同时也充分体现了社会化媒体时代"个性化"的需求。人们从传统媒体时代的"事不关己，高高挂起"转变到"我的地盘我做主"的状态，从"旁观者"变成了"当事人"。移动中的自媒体作为新兴的信息承载者和传播媒介，具有跨时空、交互性、时效性等优势而彻底迅速地打破了传统媒体的话语权，进而巩固着自己的地位并不断地扩展和延伸。

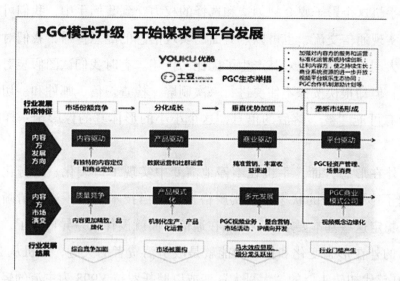

图 4-11　UGC 模式

（二）数字化环境下移动传媒的审美形态

1. 随身移动的影子媒介形态

以手机为代表的移动传媒微小且便携，更重要的是当我们移动时，这个移动媒介如同脚下的影子一般随着我们的移动而移动，所以它被人们称为"影子媒介"。影子媒介的便捷性、可移动性使我们更为方便地创造审美和传播美的感受。在现实的社会中，我们从不少方面可以看出手机的微小便携性早已达到无孔不入的地步，俨然成为我们眼、嘴、耳的延伸：现在人们不仅可以利用手机看电视节目、听广播、阅读杂志，还可以通过手机扫描二维码的方式购买自动售货机里的饮料、在各种便利店和租赁公司，通过手机进行移动支付、在车站和餐厅里用手机付款、买票和吃饭、通过二维码的扫描进行餐饮预订等。这一切皆是因为手机兼具了纸质、广播、电视、网络四大媒体的内容和形式，并大大利用自身可移动的特点将我们的日常生活伸展到比原来更为广阔的空间，它打开一个同计算机网络一样大的世界，但它拥有的仅是巴掌大小的身材。手机这个影子媒介把创造和选择的权力交到我们手中，我们可以点对点实现通信交流，也可以点对面的实现信息的随意传播，我们对它加以大大利用的同时也对其产生了无比的依赖。有时我们试图假装对其不理睬，但却很快按捺不住要进行一次刷屏，检查短信、邮件和一切我们认为有可能"被"落后的信息，这个小小的形体真的像影子一样挥之不去。

外在形态方面，手机在不停地演变中实现了口袋化、随身化，更加速了影子媒介的状态。其实严格来说，当技术解决了通信清晰、快捷、稳定这些基本要求后，产品在通信方面就没什么差异可言了，此时产品的外在形态变化和扩展功能就是吸引消费者的关键，手机从 20 世纪 90 年代初砖头似的"大哥大"变成以摩托罗拉 V998 为主流的轻巧袖珍形态，人们的审美需求因"大哥大"的个儿头太大而转向方便携带为主，一时间手机的外在形态呈现出小巧、轻薄、灵巧的样式；但逐渐小巧的手机不能满足商务多媒体的需求，随着技术的发展支持，智能手机的面市之初为工作繁忙人士提供了随时可以处理事务、文件的条件。这之前的手机功能更多是围绕着人们的工作、业务需求展开。忽如一夜春风来，彩屏手机打开了人们娱乐的局面，之前手机上自带的游戏（如贪食蛇等）不再是人们休闲消遣的首选，手机变得如此多功能：可自己下载小型游戏、听歌、上网、拍照等。这时手机突然成为我们生活中不可缺少的部分，它是我们的小秘书、小助手甚至是我们的管家。手机成为电视、电脑外的又一块"屏幕"，而且这块"屏幕"还是可移动的。介质的硬件变化为消费者带来的是消费者内在更高的审美提升以及更多、更快、更随时随地的审美体验，大的屏幕带给人们视觉上的愉悦，分辨率的提高能更好地满足用户的审美期待，移动的网络为我们随时随地制造、传播信息提供了保证，3G 网络技术一改低带宽网络时代只能传输文字、图片等内容的状态，可以传输视频和 Flash 等媒体信息内容，增强了用户的体验，从而促使移动媒体展现出更丰富的媒体形式，于是我们看到在数字化环境下的手机外在审美形态，在最近短短的几年间纷纷朝着大屏幕、平板化的形态发展。以至于宏碁全球总裁翁建仁认为，信息、通信产业已经彻底融合，多元应用和生活方式将带领整体 ICT（信息通信产业）变化，PC 产品要平板电脑化，平板电脑也要智能手机化，所有装置都必须移动便携化。

2. 多元应用的功能泛化形态

手机如此实用而不可缺少，手机里不仅融合了多种媒体为我们带来丰富的媒介体验，它同时还包含着我们与外界联络的数字符号，隐藏着我们的个人隐私、时间提醒、兴趣爱好等。它的多元应用及功能泛化使我们在心理上对其产生依赖。手机移动媒体让我们的身体从电脑电视前解放出来，从室内到户外，真正实现无时无刻、无所不在、迅速而快捷地传播和接收信息，实现媒介内容的移动化。于是手机充分体现出了"一机在手"就能享受到多种媒体的服务。多元应用及功能的泛化为其在媒体中增强了自身的竞争地位，也增强了对用户的黏着度。

多种多样的应用使手机不再仅仅停留于通信功能，而多元的、泛化的功能为我们的生活提供了方便：它使我们方便找到别人，也方便被别人找到；它方便让我们了解外界，也方便我们通过手机把信息传递给外界。人们对手机的依赖性越来越强，甚至有人已经到了不能缺少的地步。手机在使信息的时滞性大大降低的同时，社交、通信、娱乐等多元功能改变着人们的存在方式，"OTT 服务、O2O 模式的融入使其不再只是简单的聊天工具"。我们常常开着电脑的时候也在用手机，用电脑查资料、看视频的同时用手机挂 QQ、刷微博。相对于其他媒体终端普及化而言，移动介质以其多样性和灵活性决定了传播者和接收者双方都能用碎片化的时间完成制作、传播和接收活动，其中以手机为代表的移动媒体无疑是应用最广泛的。当人们日渐觉得时间被分散，过多的零碎时间组成了自己的一天 24 小时，我们渴望着能把这些"小"时间利用起来，打发发呆和无聊的时间。越来越多的年轻人加入了"移动屏幕族"，如前所述人们开着电脑也在用手机玩着微信，最远的距离莫过于坐在一起通过移动终端进行着微博的交流。微博、微信这种新型社会化传播平台为我们提供了展现自我个性、与人互动的渠道，在这个渠道里需要各类对生活的感悟，对审美的感叹来填充。在这个平等、互动、开敞的渠道里，对事物的回复、评论中人们表现出自己的审美态度。科技创造了美，也塑造了审美，科技带来的美越来越随意和直观，人们的审美活动在勇于表现的同时越发呈现平等与互动的特性。

第五章 大众文化视野中："审美狂欢"与"审美疲劳"

一般来说，大众文化作为大众日常生活和工作中的文化形态，往往通过影像媒介按照商品规律来运作，让普通市民获得感性愉悦以获得其经济效益。在大众文化视野中审美泛化为日常生活化的审美，即便各种大众媒介求变求新，泛娱乐化让审美疲劳无处不在，审美疲劳不仅意味着身心疲劳的状态，而且蕴含着由"审美"到"疲劳"的心理过程。在"审美"到"疲劳"的心理过程中，"审美"本身由于大众文化的娱乐性特征具有"娱乐化""狂欢化"的内涵，而"疲劳"在某种程度上蕴含着对这种感性狂欢的抵制。因而，从"审美"到"疲劳"的过程就是从"审美狂欢"到"审美疲劳"的过程，蕴含着对当代大众审美文化的趋同并抵制的矛盾态度。

第一节　审美的狂欢化

一、大众文化视野中审美的狂欢品格

苏联文艺理论家巴赫金提出了"狂欢化"理论，他是通过研究拉伯雷小说、陀思妥耶夫斯基小说、并通过对中世纪及文艺复兴时期的文化的考察提出"狂欢化"理论的。他把中世纪欧洲人的精神生活分为两种：一种是基于等级制度、宗教清规刻板的生活，表现为禁欲、严肃、崇高的生活氛围；另一种是基于广场平民自由自在狂欢节式的疯狂的恣情的生活，表现为轻松、滑稽、自在的生活氛围。"这种生活由于摆脱了特权、禁忌，而成为人们真正真实的存在方式。没有等级、权威、神圣和必然，人们毫不拘泥地随意交往。❶"欧洲中世纪的狂欢节源于民间节日宴会及游行表演等，一般在宽阔的广场上进行，伴随着庄严的祭祀活动也有可笑的狂欢仪式，参与的民众部分阶层，诸如小丑、傻瓜、巨人、侏儒、国王及乞丐等都可以参加，不管是平民还是国王都可自由自

❶ 姚武．大众文化视野中的"审美狂欢"与"审美疲劳"[J]．《邵阳学院学报》．2006:12

在地登台演出，表达戏谑和发泄的情绪，狂欢节的氛围欢乐且和谐。

类似于中世纪狂欢节的广场，大众文化视野中的影像媒介为大众提供了全民性的公共领域，也可以发展成为公众为摆脱刻板生活获得自由狂欢的公共舞台。孟繁华在《众神狂欢——世纪之交的中国文化现象》中认为世纪之交的中国文化呈现出"众神狂欢"的文化图景，其中浓墨重彩的一笔就是大众文化的狂欢。世纪之交的文化图景诸如歌舞厅灯光闪烁音乐铿锵、足球场锣鼓喧天呼声沸腾、电视娱乐节目收视率猛增、各类明星与"粉丝"见面的热烈场景等，都能够让大众领略到"我为卿狂"的狂欢热浪，即便是在平面媒体前的大众们也少不了几分狂欢的激动，空气中充盈着娱乐的气息，到处都渗透着狂欢的元素。大众在影像媒介提供的"狂欢舞台"享受快乐且自在的生活。

狂欢化氛围往往和喜剧叙事联系在一起，影视喜剧的审美具有狂欢品格。随着影像媒介的普及和影院的增加，轻松幽默的影视喜剧擅长于底层叙事，为大众提供轻松娱乐的平台。大众在日常的影视欣赏及网络冲浪中可以选择"颠覆和建构"，在一定程度上找寻"生命的超越与自由"的感觉，这就是一种"狂欢化"的表达。例如：周星驰的"无厘头"式的喜剧电影为大众呈现一幅幅"狂欢化"的画面。周星驰喜剧电影遵循的最高原则就是"笑"，电影通过各种荒诞的情节、滑稽的言语动作、特别是周星驰本人招牌式的"哈哈哈哈"来营造"笑"的氛围，通过"笑"来包容一切荒诞、离奇的"无厘头"式的情节，从而让观影者在"笑"的狂欢中忘却一切烦忧（见图5-1）。随着大众文化的流行及其影响的深入，在春晚舞台上也充斥着狂欢的氛围，比如春晚的开场歌舞以及搞笑的小品，其狂欢品格尤为凸显，无论是喧天的锣鼓声还是各种欢快的节奏、无论是小品的语言还是小品的表现手法及艺术构思上都具有热闹或诙谐的狂欢品格。周宪先生在《当代中国审美文化研究》中论断：告别"悲剧"时代，"喜剧"时代来临。大众文化视野中的审美不仅具有鲜明的娱乐性，而且表现为日常生活化。当代大众审美文化遵循轻松、快乐、狂欢原则，渗透在大众的日常生活中，以赢得大众的欢愉、认可与接受，它主要用来满足大众的日常生活娱乐需要，甚至成为大众享受生活的主要途径，在这种媒介娱乐的过程中，大众不再重视自身生活的历史意义和价值深度，并且将个体的欲望要求的实践企图直接引入生活"审美化"过程。表达感性化欲望成为大众日常生活在"审美"的外部标记，而生活化的审美情趣则对人的具体的感性欲望动机巧妙地进行了包装。大众在日常生活中借助各种媒介特别是影像媒介很容易获得感性化的审美愉悦，而且这种审美愉悦已经与大众的生活紧密联系在一起，成为一种泛化的审美。当审美泛化与生活同一时，生活便获得了审美的内涵，且以"狂欢化"的形式来表达，在日常生活中人们可以通过所谓"审美"的文雅形式尽情地宣泄"狂欢化"情绪。基于当前大众文化视野中"生活与审美同一"的事实，可以说我们进入了一个"审美狂欢"的时代。

图5-1　周星驰的喜剧电影

二、大众审美狂欢原因探索

审美日常生活化的语境中，大众的审美狂欢化似乎已成常态，结合审美文化的发展历程，究其原因，主要表现在以下三个方面：

第一，相比传统审美文化，审美权利下移，大众为拥有审美的表达而狂欢。

以大众媒介为传播途径的大众文化，文化作为产品走向市场且具有浓厚的商品化特征，属于消费文化的范畴。这与大众的日常消费关系密切，带来了广泛的文化民粹化，让审美摆脱了传统的精英主义立场转向民粹立场。文化民粹化让审美言说不再仅仅是文化精英的特权，审美权利下移，大众拥有了审美言说的话语权。巴赫金认为狂欢为人们提供了日常生活中宣泄压抑情绪的机会，让被压制者的声音放大并提供被听到的机会，让所压制和否定的快乐情绪得以表达。狂欢在本质上是对日常生活规则的叛逆，狂欢来源于被压制者对于社会规范的拒绝。因而狂欢的力量往往处在日常生活中起压制和控制作用力量的对立面。在大众文化视野中，大众以"审美狂欢"的形式来表达对僵化的社会规范的拒绝，也体现着大众在日常生活中的对自由态度。学者王敏认为人们的日常生活因为审美的发现而成了艺术和文化。于是便有了"这样的一个群体——美化生活的拥戴者，要求自我提高和自我表达的权利。他们追逐着各种各样的新鲜感，不放过任何追求完善的生活选择机会。对于他们而言，生活的意义在于绝不虚度此生，所以努力去享受、体验并表达"。因而"对日常生活的审美发现中，人意识到自己也能被审美表现，并在这种表现中获得认同和特权"❶。一般来说，身心的狂欢是以物质的富足为基础的，大众文化视野中的审美狂欢是物质财富发展到一定阶段的产物，并不是每个时代都有的。与中西方宗教或祭祀仪式上的狂欢相比较，大众狂欢是工业文明的产物，具有浓厚的时代特征和工业文明气息，其内涵由传统自发的图腾意识发展到一种对于文化权力的自觉。在物质文明高度发达的今天，随着文化商品化观念的深入，文化产品通过各种平面媒体进入大众的日常生活中，大众审美文化表现出平民化以及日常生活化的特征。这样，曾经是文化精英才拥有的审美特权在今天大

❶ 王敏．日常生活审美呈现的现象学反思[J]．株洲师范高等专科学校学报，2006（1）．

众也有条件去分享，不管是卖弄风雅还是装腔作势，大众都为拥有这份文化权力而狂欢。

第二，大众审美文化解放并丰富人性内容，大众为此而狂欢。

人性是受人的本质支配的人的属性，主要包括人的生理属性、社会属性。人的生理属性是指人拥有自然性的一面，类似于其他动物，人也有食、色、安全等方面的需求。按照马克思主义人学理论，人的社会属性是指"个人是社会的存在物"，"人的本质是人所在的各种社会关系的总和"。人的自然属性和人的社会属性，说明人不仅有食色欲求也有道德理性的需求，这也说明了人的需求具有多样性和多层次性特点。根据马斯洛生命需要理论，人的完整的生命应该是感性与理性的统一，既有感性的欲求又有理性的自律，这些都是人的生命中的合理性体现，文学作品中纯粹理性和纯粹感性的人都是理想化的人物形象，在现实生活中几乎不存在。因而，无论是人的感性需求还是人的理性需求，这都是人的合理需求。从审美文化的发展来看，人的审美活动表现为一种生命体验和身心愉悦的过程。大众审美文化中的审美已经渗透在大众的日常生活中，大众也可通过审美的形式表达感性愉悦，而且日常的这种感官愉悦已经获得了审美化的优雅表达，这种审美表达已经不经意地传达出被压抑的普通大众人性自由欢呼。人们可以在审美中狂欢，可以在审美中体验人性的自由和多样性。

大众文化不仅满足人的日常感官欲求，还丰富和发展了人性。作为通俗文化、商业文化、传播文化、消费文化相结合的复合文化的大众文化，它更多的表达是人的感性欲求且突破人性中的理性和规范性，它通过表达人性的新体验和新欲求来彰显人性的丰富性与多样性。脱胎于中国几千年封建专制文化传统，国人的人性内涵中传承着保守及封闭的理念，人性内涵贫乏，人们似乎已经习惯了皇帝的圣旨和朝廷的声音。而大众审美文化的发展，带给大众一种视听的、消费的、感性的体验而并非理性的教化，在一定程度上改变了大众的生活方式和生活观念，在一定程度上刺激了由于历史原因积淀起的人性的贫乏和封闭状态。正是这种由于大众文化的冲击所带来的多元化的感性体验使得我们的人性在一定程度上得以解放和丰富。

第三，在大众审美文化中，人的生命中总是承载着时间的压力，大众为缓解时间的重压而选择审美狂欢。

人每时每刻都在承载时间的压力，人生最大的超越就是对时间的超越。每个人的生命是有限的，而生命的追求却是无限的。背负时间的重压，面对不可逆转时间，人类的悲哀就此而产生。那么怎样实现生命对时间的超越、调适生命有限和追求无限之间的矛盾呢？在漫长的人类生命探索历程中，人们探索出生命的超越模式有三种：宗教、伦理和审美的生命超越模式，即通过宗教、伦理和审美精神等寻求到精神上的永恒感来缓解时间的重压，从而永生的存在感。

在以"解构中心""无意义"为特征的后现代语境中，时间线性流动链条被阻断、失去了向度、向四周扩散，时间已经趋向于空间化，线性时间被分解裂碎。"当面对未来时，我们惊恐地发现，清晰的远境已同汇入历史长河的过去一起消失了。""当代人生活在历史的碎片中，我们同传统的联系被切断，我们已失去了把握整体的能力，而终极的价值也仿佛只是传媒中单薄的术语。"❶随着消费社会中市场化商业化观念对人们日常生活的不断渗透，人际交往中的"冷漠感"与"凄凉感"增加。时间的无向性使人堕入迷惘，人情的冷漠更让人感觉失落。"上帝在 19 世纪已经死去，20 世纪又把理性送上被告席，那么，人类到底依靠什么来拯救呢？"人们寻求满足生命需要的方式只好是在平面化的媒介中进行个体的"占有"和"享乐"，并委以"审美"的字眼通过感性的狂欢来舒解心中的时间重压和情感失落。❷

大众审美文化中的大众通过种种技巧逃避时间以缓解时间压力。可以说，正是因为大众文化具有使大众消解时间感的特殊功能，才能够在

---

❶ 姚武.大众文化视野中的"审美狂欢"与"审美疲劳"[J].邵阳学院学报，2006（12）.
❷ 同上

当代产生并持续存在。"于是，现代主义对时间的焦虑被一种在时间深渊中绝望的快乐所代替。"正当思想者仰望着理性的天空愁眉长叹之时，而普通的大众正日渐着迷于声光色影的闪烁舞动，并且不自觉地跟随着它们一并狂欢起舞，他们仿佛忘却了理性的"镣铐"，忘却了时间的束缚，他们跟随的只是生命欲望的律动和自由的狂欢。❶

---

❶ 同上

第二节　感性狂欢泛滥：审美也会疲劳

一般情况下，大众追求审美狂欢享受感性愉悦，有两种追求倾向。第一种倾向，一部分大众通过审美的感性狂欢确实是为了纾解人性的压抑，追求"真实感性"以感受人性的全面发展。第二种倾向，一部分人是以感性解放为幌子而单纯地追求物质主义，这种审美狂欢是"虚假感性"的追求。在中国当代审美文化中，大多数人倾向于追求"真实感性"，而且抵制纯物质的"虚假感性"。因而在大众审美文化的感性狂欢中，既表达了国人对当代审美文化的认同，又因为大众审美文化的物质化商品化导致感性泛滥而为国人所厌弃。

一、大众审美文化中的"审美狂欢"暗含了对当代感性文化的价值认同

当代审美脱胎于当代感性文化，狂欢化是当代感性文化的突出特征。中国"摇滚音乐之父"崔健有一首摇滚乐《快让我在雪地上撒点儿野》具有强烈的感性文化特征。其歌词写道："我光着膀子我迎着风雪／跑在那逃出医院的道路上／别拉着我我也不要衣裳／因为我的病就是没有感觉／给我点儿肉给我点儿血／换掉我的志如钢和毅如铁／快让我哭快让我笑／快让我在雪地上撒点儿野／ YIYE——YIYE——因为我的病就是没有感觉……"崔健对感性的呼唤表征了当代感性文化崛起的意向。❶随着多媒体应用的普及，诉诸感官的感性文化已经渗透经大众的日常生活中，最大限度地娱乐大众并不断刺激大众产生新的娱乐愿望。它营造轻松、自由的娱乐氛围，为人们提供了拓展想象、选择趣味以及替代性地满足个人情感需要的多种可能（见图 5–2）。

---

❶ 姚武．大众文化视野中的"审美狂欢"与"审美疲劳"[J]．邵阳学院学报，2006（12）．

图 5-2　崔健《快让我在雪地上撒点儿野》

脱胎于 2000 多年封建专制文化的国人的灵魂，经受了太多的压抑和封闭，经历了革命的洗礼和政治化的探索之后，终于在实事求是的理论语境中亲近久违了的感性狂欢。"人们在经历了长久文化演变过程的心灵痛苦和精神焦虑之后，在当代生活境遇中发现了某种足以为当下生活活动提供享受 / 消费根据的感性生存形式——这种生存形式的普遍化，借助技术方式和大众传播活动，不断演化为人的一种当下价值态度，演化为大众的生活意志。"在大众审美文化的氛围中，大众迫不及待地拥抱审美感受狂欢，国人的灵魂又在经受新着新的洗礼，呼唤感性解放感同人性的全面发展，寻求"真实感性"。王德胜指出，"'真实感性'的本质，在于人作为物质性存在和精神性存在相一致的整体性，在于这种整体性的和谐发展。"马克思对感性、感觉持相当肯定的态度，他曾指出，"人不仅通过思维，而且以全部感觉在对象世界中肯定自己。……只是由于人的本质的丰富性，主体的、人的感性的丰富性，如有音乐感的耳朵，能感受形式美的眼睛，总之，那些能成为人的享受的感觉，即确证自己是人的本质力量的感觉，才一部分发展起来，一部分产生出来。"❶根据马克思主义人学理论，"感觉"是确证人的本质力量的本体存在。大众文化视野中的大众以多样化的形式感受审美狂欢、认同当代感性文化的。从感受崔健摇滚乐以发泄自己的情绪开始，大众在紧张的工

❶ 王德胜．"真实感性"及其命运——当代审美文化理论的哲学问题之一 [J]．求实学刊，1996（5）．

作与学习之余学会了休闲，并逐渐改变一本正经的生活态度，探索当代审美文化中人类生活的真正本质。在大众审美文化中大众感受狂欢化的感性愉悦时，大众仿佛通过"审美狂欢"的形式获得某种权力表达，这是一种人性的自由和解放，而审美的日常生活化则表达了对当代审美文化的全民性特征；当代审美文化解放和丰富大众的人性内涵，这无疑是对当代感性文化的最大肯定；同时，大众在审美狂欢化的感受过程中不知不觉地缓解时间的重压，逐渐在审美狂欢中形成对感性的欲求和依赖。总而言之，大众文化视野中的大众通过审美狂欢化的形式感受人性解放，寻求"真实感性"，表达对当代感性文化的认同。

二、大众审美文化中的"审美狂欢"也会导致感性泛滥

由于人类天生具有物欲性，即自然性或动物性，大众在审美狂欢化的氛围中追求"真实感性"而得不到理性的牵引和提升，这种"真实感性"易于转化为"虚假感性"，并让大众产生依赖且导致物质化的感性泛滥。而在现实生活中，与西方大众文化类似，当代中国感性文化常常受到诸多理性文化（伦理文化、政治文化等）的引导和批判，且被贬斥为文化的浅层次、低级阶段，在社会伦理层面上常常以"物欲横流"的"洪水猛兽"等加以排斥。大众文化视野中的"审美狂欢"常常通过个人情绪的发泄以表达个体的欲望需求，它以日常生活需要的直接满足作为基本目标，在一定程度上摒弃了传统文化中的伦理道德中心。大众将个体的欲望要求通过生活"审美化"过程来进行表达，感性化的欲望实现成了日常生活在"审美"方向上不断自我拓展的外部标记，而生活的"审美"情调则包装了人的具体的感性欲望动机。相比西方崇尚崇高理性的宗教文化，中国传统文化是在漫长的且自给自足的农业文明的熏陶下形成的、宣扬现世幸福，崇尚主体感性，是一种崇尚经验和体验的感性文化，贯穿着世俗化的人本主义精神。中国传统文化在漫长的发展过程中，表现出一定的理性化诉求，凝聚了诸如伦理观念、道德观念以及某些特定的社会组织规范等，形成一种感性和理性统一的和谐文化，并

在这种文化中实现生命的调适与自足。中国近代以来，由于西方列强的侵略，中国传统文化面临着前所未有的冲击，在经历了近现代革命和社会主义建设等理性化洗礼之后，中国文化便不可避免地融入了文化全球化的当代文化语境之中，建设社会主义先进文化成为当前文化建设的主题。从 20 世纪 90 年代开始诉诸个体感官的当代感性文化已经成为客观的文化事实。它相异于中国传统意义上的感性文化，已经不再承载传统诸多文化价值、伦理道德观念和携带过多的社会、历史意义。❶正如王德胜先生所说："一任大众文化产品的娱乐性无限膨胀，其负面影响显而易见，即使本来就缺乏一定审美内涵与思想深度的大众文化产品更加无聊。长时间接受这些产品的刺激，即使是用来消遣，也将弱化受众的审美意识，使其变得浮躁、肤浅。毕竟生活的现实远不及幻象中的内容那样色彩绚烂，同时，快速闪动的电视画面带来的光影的刺激，将钝化人的思考能力，使人的大脑变得粗糙生硬。"❷如果置当代感性文化的狂欢化品格和社会影响于不顾，由于感性膨胀带来的道德堕落甚至人性的萎靡，这样的伤害是显而易见的，这不得不唤起我们对当代感性文化进行理性引导和反思。

三、当代审美文化中的感性泛滥会导致大众身心疲劳

在当代感性文化中，大众由于感性放纵而产生"视觉疲劳""听觉疲劳"以及"身心疲劳"等负面影响，这是司空见惯的，如果感性缺乏理性的合理引导和制约，感性的泛滥大多会引导大众走向堕落的边缘。感性主义一方面扩张了大众在当下生活中的物欲动机，而且这种物欲是无限制的；另一方面，感性文化又巧妙地以"诗意"的审美包装这种泛滥的物欲，使得这种基于生物本能的物欲在幻觉性的审美满足中获得自身独立性，成为大众主体予以崇尚的理由。美国著名的文化研究学

---

❶ 姚武.大众文化视野中的"审美狂欢"与"审美疲劳"[J].邵阳学院学报，2006（12）.
❷ 王德胜."真实感性"及其命运——当代审美文化理论的哲学问题之一[J].求实学刊，1996（5）.

者杰姆逊教授在论述后现代文化的深度模式丧失时指出："现在人们感到的不是过去那种可怕的孤独与焦虑，而是一种没有根、浮于表面的感觉，没有真实感。这种感觉可以变得很恐怖，但也可以很舒适。"可以说，感性与物欲的合谋策划了众多的令大众觉得"很舒适"的生活享受 / 消费的事件：从 20 世纪 90 年代"休闲"风潮涌起，到津津有味地讨论"家庭轿车何时进入中国家庭"（见图 5-3），再到 1995 年中国电影发行公司在"十大进口巨片"上的全面成功，感性与物欲的合作被推向了空前"诗意"的地步——这样，在当代生活境遇中，感性与"美（艺术）/ 审美"的关系，已经直接演变为由"感性主义"所表现的物质生活享受 / 消费的直观性；"审美化"的文化由于"感性主义"的实现而成为"形象"（"影像"）文化的存在。理性和感性、内容和形式在现实中出现了对立和分裂。致使我们看到的或者是冰冷的物质世界，或者是眼花缭乱的虚幻世界，这种环境无不给人心理或精神上造成了极大的压力和伤害。人们在这种环境中深感矛盾、焦虑和恐慌，面对着拥挤的物质和眼花缭乱的花花世界，除了功利带来的兴奋之外，人们似乎再也不能领会其中的其他价值和意义。❶

图 5-3　家庭轿车

❶ 姚武 . 大众文化视野中的"审美狂欢"与"审美疲劳"[J]. 邵阳学院学报，2006（12）.

　　"真实感性"在理性和感性、内容和形式对立和分裂的现实生活中，无异于一个美妙而虚幻的"乌托邦"，追求真实感性在一定程度上成为大众放纵物欲的借扣或者掩饰。当代大众既不能盲目地模仿和吸收西方的理性文化，又忽略和丧失了传统文化对体验和经验崇尚的前提，如果一味地只是对感性主义的崇尚，这样很难在感性文化的寻求到生命的自在与自足。大众表面的上"狂欢"和"愉悦"掩盖不了内心的空虚和无奈，即便以"审美疲劳"的姿态来反思当代感性文化，也拯救不了失落的灵魂。所以，当代人一旦"（审美）疲劳"了就要"审美（狂欢）"，而一谈"审美（狂欢）"就会"（审美）疲劳"，"审美疲劳"一词通过从"审美（狂欢）"到"（审美）疲劳"的心理过程生动地表达了国人处于感性与理性的矛盾挣扎中的尴尬心境，"灵魂的发展史总是流连在感性与理性两极之间"，在大众文化视野中，当代人从传统的束缚中解放出来极力地寻求狂欢，并冠以"审美"的字眼进行"优雅"的表达，然而，狂欢之后又深感身心疲劳，为舒解疲劳又复归狂欢，这样便形成"审美（狂欢）—（审美）疲劳—审美（狂欢）—（审美）疲劳"的身心煎熬过程。因而，"审美疲劳"在所难免。❶

❶ 姚武.大众文化视野中的"审美狂欢"与"审美疲劳"[J].邵阳学院学报，2006（12）.

第三节　反思狂欢，克服疲劳

20 世纪 90 年代以来，随着中国社会政治、经济等各方面变革的深入，世纪之交的中国文化已经进入"众神狂欢"的时代，感性文化也逐渐被大众所青睐，感性的"审美狂欢"式的消费权利表达在日常生活的层面上受到大众的追捧和张扬。不管是基于人性解放的"真实感性"的追求还是压抑久了之后"虚假感性"的泛滥，大众却实实在在地生活在一个伴随着"符号泛滥"的感性文化语境中，中国当代审美文化风尚发生了深刻的变异。王德胜指出："从总的方面来看，当代中国社会审美风尚的变异，呈现出由统一向分化、由教化模式向消费模式、由社会活动向私人娱乐、由自发向自觉的转换。呈现出一幅'世俗生活的审美图景'。"❶

在世俗化的当代审美文化图景中，面对着感性文化泛滥，大众一方面"举重若轻"，另一方面又"焦虑难耐"。脱胎于 2000 多年封建专制严密的"道德束缚"和残酷的"政治高压"，新中国成立后特别是改革开放带来的"实事求是，解放思想"的理念，国人心中实实在在地萌生了狂欢的冲动、对生活自由权利的占有欲望以及对人性全面发展的渴望。大众仿佛从"戴着镣铐跳舞"的诗意忧伤中走了出来而进入到了"天高任鸟飞，海阔凭鱼跃"式的感性狂欢的王国。老人们悠闲地打着太极迈着步，青年朋友们毫无顾忌地弹着吉他跳着舞，少年儿童们尽情地哼着曲儿玩着卡通……烦心的事儿早就被抛到了九霄云外。在审美狂欢的感性愉悦中，大众乐于通过审美狂欢的形式获得感性化的权力表达；大众也期待通过审美狂欢的感性愉悦获得自由而丰富的人性，大众也乐意通过审美狂欢的感性愉悦缓解时间的重压，忘却时间对生命的羁

第五章　大众文化视野中：『审美狂欢』与『审美疲劳』

绊。国家日益富强，民族日趋壮大，大众才会有如此"举重若轻"的生活感觉。❶

然而，大众在感性解放"举重若轻"之余也会有因为理想的牵引产生"焦虑难耐"的情绪。这种情绪主要产生于以下三个方面：第一，人性中无限度的感性欲求与人性中规范的社会性要求（意识形态引导、道德规范、政治诉求等）之间产生矛盾导致大众的焦虑。尽管审美的感性愉悦让大众找到了享受权力的感觉，如果缺乏合理的社会性规范，在很大程度上审美只不过是人性中物欲动机的掩饰和美妙的外衣，而且在审美的名义下也易于导向感性泛滥的深渊，导致"审美—疲劳—审美—疲劳"循环性的身心焦虑。文化建设要宣扬正能量，以建设社会主义先进文化为导向，引导当代审美文化的发展方向。第二，泛审美与纯审美之间的对立导致大众的焦虑。当然，泛审美与纯审美之间的对立主要产生在大众和精英这两个既相互对立相互联系的文化群落之间。但是，纯审美的观念一直以高雅的身份存在于中国的文化中，而文化以它强大的穿透力和影响力积淀在大众的精神深处，中国传统的审美文化以它巨大的诱惑力吸引着当代大众的眼光。因而，泛审美与纯审美之间的对立不仅表现为不同文化部群之间的冲突也表现为凝结于大众自身的现代文化与传统文化积淀之间的矛盾。大众的灵魂在传统与现代之间徘徊在形式和内容之间挣扎，这也是当代大众的焦虑所在。第三，大众文化感性狂欢和主流文化的理性诉求之间的冲突导致大众的焦虑。20世纪90年代以来，中国文化出现了群落化特征。孟繁华先生认为当前中国主要有三个文化群落：意识形态文化（主流文化）、知识分子文化（精英文化）、市场文化（大众文化）各个文化群落之间既相互联系又相互冲突，但是它们都统一于有中国特色的社会主义文化之中。大众在追求感性愉悦的同时，不可避免会受到主流文化的熏陶，而且，主流文化在文化策略上借助了大众文化的形式深深地影响着大众。大众也深刻地感受到：正是

---

❶ 姚武.大众文化视野中的"审美狂欢"与"审美疲劳"[J].邵阳学院学报，2006（12）.

因为国家日益富强，民族日趋壮大，大众才拥有如此"举重若轻"的感性愉悦。因而，当审美的感性愉悦超越了国家和民族的政治文化范畴之时，大众也会以此而产生焦虑。

笔者认为，大众要克服审美狂欢产生的疲劳和焦虑，可以从以下几个方面着手：第一，引导人性中自然感性欲求和社会理性规范统一协调发展，实现人性的全面发展。承认人性中自然性和社会性的合理与合法，加强对感性文化的理性疏导和理性文化的感性传播。例如：当前国家和党的政策人性化、学校教育人性化等就是最好的协调人性内涵的方法。第二，建设多层次的审美文化，满足不同文化群落和人性中的多层次审美需求。这是一个非常复杂的问题，涉及文化部群之间的文化、传统和现代的文化、文化的内容和形式等方面的协调发展。但是，集中到一点就是要引导和建立共同的价值趋向。在当前的中国，"小康"与"和谐"社会的提倡和引导可以成为多层次审美文化的共同的价值趋向，实现各部群文化的和谐发展，从而舒解审美疲劳。第三，加强对审美文化的引导和建设，发展和健全社会主义先进文化。任何文化都需要引导和规范，如果任意地放纵当前的审美的感性文化，势必会导致感性的泛滥和人性的迷失。通过对影像媒介的引导和建设，加强对审美的感性文化的监控。例如：2004年，国家对黄色网站的封闭就是比较妥当的方法。它既保留了大众的网络畅游的权力，同时又符合绝大多数国人的理性化诉求。

总之，中国文化是一种统一于感性与理性两极之间的和谐文化，人作为文化的载体和形式，也应是感性和理性的统一体，偏废任何一方都会导致文化和生命的失调。❶

❶ 姚武. 大众文化视野中的"审美狂欢"与"审美疲劳"[J]. 邵阳学院学报，2006（12）.

第六章　大众文化视野中："影像媒介"与"审美疲劳"

第一节　影像媒介与审美文化的融合

一、媒介与审美的深度融合

大众文化视野中人们的审美对象不再局限于传统的文艺审美，而是面向生活的各个方面，转向日常生活化的审美。文化工业的迅猛发展促使媒介技术已经广泛地渗透进人们的日常生活中，影像媒介已经成为连接审美主体与审美对象的重要中介，审美对象通过影像媒介的呈现，审美也就成了大众日常生活中占据重要地位的组成部分。由于影像媒介与日常生活审美的紧密结合，审美具有媒介化的特征，或者说媒介具有了审美化的表达，这就是审美媒介化或者媒介审美。在以大众文化作为典型特征的消费社会，各种消费的商品都被赋予审美化的设计或包装，而影像媒介非常直观地呈现商品审美化的外表包装，通过商品诱人的线条、抢眼的色彩等外形特征来迎合并激发大众的消费欲望。商家往往会引导并制造符合大众消费需求的审美情境，使得大众审美的触角不再局限于纯粹的艺术世界而延伸到大众消费生活的各个领域。

在数字化时代，随着手机、电邮、流媒体、智能网络电视等应用的普及，"数字化生存"已呈现流行化趋势。多媒体所拥有的交互性、影像及声音呈现等功能对传统文艺创作及审美接受提出深刻挑战，人机交互的艺术创作激发人们的想象空间和创作激情，生动活泼的艺术审美空间让人沉醉。动漫艺术及流行的综艺节目通过手机和互联网等新媒介的传播，成为老少皆宜的"大众恋人"。具有互动性、仿真性和竞技性网络游戏广受欢迎，让大众沉迷其中。当今，网络游戏和动漫艺术已经成为当代数字媒体艺术中最为突出的代表，其数字化特征非常明显。网络游戏营造的"交互式""沉浸式"的审美体验受到大众特别是青少年的青睐，彰显了当代审美文化和文艺生态发展的新倾向和新态势。与此同时，移动化和漫画于一体的动漫也成为流行文化，这一方面是由于动漫形式上的特点及其独特的艺术魅力迎合了大众审美文化的视觉转向，另一方面得益于当前的消费文化潮流以及商业文化运作等因素。数字化社会的一个显著特征就是"虚拟"与"仿真"，电影、电视和网络的融合不仅仅是技术的交叉借鉴，更是一种传播内容与文化精神的深层次交融。

马克·波斯特是美国著名的媒介研究专家，经过多年的研究和思考，他提出因特网及各种电子传播媒介的推广和普及会改变我们的交流习惯，甚至重新定位我们的身份。他预言"无论将来的传播媒介使用的是连线技术还是非连线技术，或者是两者的某种结合，都将出现一幅深层转型的图景"，这是一种媒体、文化、社会相互勾连的现代图景。在数字化时代，以互联网的全面应用作为基础，通过卫星技术与电视、电脑、电话、手机等媒介的结合来构建信息桥梁。在这个过程中，由于互联网的普及和全面应用，互动模式已经成为人类信息交流与沟通的主要方式，这种由媒介融合形成的互动信息交流模式成为数字化时代信息沟通的发展趋势，还将进一步发展提升，这不仅改变了人们认知和体验世界的方式，也对当代的艺术和审美产生深刻的影响。

（一）传统媒介的融合与变革

关注当代媒介发展现象不难发现，作为中国主流传统媒体的报刊和广播，一方面面临着中国社会急剧转型带来的的压力；另一方面面临着迅速崛起的全球化网络媒体的压力。数字技术与网络媒体的崛起，使人类的沟通交流方式发生了深刻的变革，引导人们从以文字交流为主的旧文明的生活方式转向以互联网为主导的新文明生活方式。以互联网为核心的新的媒介环境使得印刷和广播这样性质截然不同的技术渐渐消失，人类正在从媒介缺乏的状态逐渐转变为媒介过剩的状态，从将传播内容灌输给大众的泛播转变为针对群体或个人的需求设计传播内容的窄传播，从单向的传播媒介转变为互动的传播媒介。媒介记录着时代的变化，也在改变着媒介的传播形式。历史上每一种媒介形式的变革，在一定程度上会改变一个时代的存在形式。

互联网等新兴媒体的勃兴促使媒体的生态环境和基本格局发生重大变革。随着网络技术的提升，带宽增加网速提高，无线 Wi-Fi 覆盖区域的扩大，大众上网更为便利，网络应用更为高效。上网已经成为人们生活和工作中的习惯，传统意义上的读书看报基本上被浏览网页所取代，网络多媒体传播与传统媒介交相辉映，当代人已经进入多媒体时代。新兴的传播媒介促使传统媒介被动改革或直接淘汰，就拿广告媒介来说，各种分类广告诸如网络广告、户外广告、广播广告、楼宇广告、直投广告等直接瓜分、蚕食着传统媒介的广告份额。即便新兴的网络媒体目前对电视的地位尚未根本撼动，但面对当前的传媒环境报纸的生存空间受到严峻的考验。

1. 网络媒体与传统报纸的比较

相对于信息化时代的网络媒体来说，工业化社会的产物报纸，其生产方式落后了。网络媒体的传播手段多种多样且传播速度快，而传统报纸发行渠道单一还是定时出版；在信息的更新速度上，即便报纸每天更新新闻，而网络媒体更新新闻的速度以秒来计算；在受众与媒体的互动中，网络媒体是双向互动，报纸则是单向传播；在媒体信息量的承载上，网络媒体更加具有优势，它的内容空间宽广无际，报纸的容量则受制于有限的版面；而且网络媒体还可以针对不同的受众提供个性化服务，报纸则是大众化覆盖，无法照顾个性需要。

针对上述挑战，令传统报业进行战略考量的是，如何在媒介变革的大潮中吸收新媒介元素变革转型以获得重生。当前报纸的采编系统基本实现了数字化，报纸在印刷之前，通过电脑或手机来进行采访、传稿、编辑、排版等过程都很大程度上运用来数字化技术。通过电脑进行数字化采、编、传、排等，这已经为传统报纸的转型准备了较为成熟的技术条件，至于通过数字化技术怎样来实现产品的增值是值得继续探索的问题。显而易见，目前单一的纸媒传播，正向着多种渠道多品种的传播方式演化。

根据目前的调查和探索发现，有三类纸介质报纸可能长期生存，将在形式上延续传统报纸的生命。一类是以解释或报道新概念、新事物为主的报纸。由于这是一个信息爆炸的时代，各种新信息例如各种新概念、新词语的出现有待解释和探究，而这类报纸通过对网络媒体的海量信息甄别删选，把一些新生事物、概念或语词的解释介绍给大众，以满足广大受众的探索需求，且通过权威性的解释或者独到的观点吸引研究者进行研究。二是独具特色的社区类报纸。根据调查发现，纸质媒体仍然是生活在小型社区的居民了解周围事件最好的方法和途径，因为社区居民的闲暇生活让民众更愿意保留传统的读报方式。报纸体现着社区的开放和融合，也是一种促进交流的方式一条增进感情的纽带，三五邻里，一张报纸一杯茶，可以打发半天悠闲时光。三是提供资讯和广告服务的免费报纸。它是报纸新闻传播功能边缘化的产物，可以通过广告获得回报。

　　新生媒介对旧有媒介的影响是巨大的，特别是当今的网络媒介对旧媒介的影响更直接、更深刻。它不仅迫使传媒市场重新洗牌，而且引发了传媒格局以及传统媒体的生存方式发生骤变。传统报纸要突破困境，需要创新，这也是数字化时代对传统报纸的呼唤。要看清形势改变观念。时代发生巨变，媒体结构也随之革新，传统报纸面临危机。处在媒体变局中的传统报纸必须求变图存，结合现代信息技术进行改革创新。传统报纸的数字化转型，可以说代表着传统报业在生产方式上的彻底转型。根据国内外数字化报纸的探索，有四种数字化报纸可以探索借鉴：一是通过报纸网站发布的在线新闻，即通过网络即时发布的新闻。记者将采访到的新闻随时上传网络，编辑们 24 小时全程进行编辑处理，24 小时全天候即时发布。在线新闻拥有广泛的读者，是报纸网站的魅力所在。二是网络报纸，即把报纸内容直接通过网络来传播，取代传统报纸的纸质传播。这种报纸在国外已经成熟并拥有大批订户。三是手机报纸，即把报纸内容直接传送到读者的移动终端上。手机报纸传播便捷受众广，借助手机数字网络或无线网络都可以获取报纸信息。手机报纸目前在国内已经流行且具有更大发展的趋势。四是特殊定制的新闻，即针对读者的个性偏好定制的个性化信息，这样以"我的报纸"取代"大家的报纸"。随着技术的进步和市场的个性化需求增长，这项服务很快也会成为现实。

2. 网络媒介与广播电视媒介的比较

广播电视可以实现传播者与受众面对面地传播和交流，受众通过文字、照片或声音来了解传播者的传播内容、传播意图以及传播者的思想感情。"电视是视听结合、以视为主的传播媒介"。从目前的现状来讲，电视无疑是几大传统媒介中实力最强的，其强势地位无论是从受众面、接触率还是广告收入来看，都是其他传统媒介所无法比拟的。电视是无可替代的。但是随着时代的发展，这种情况正在慢慢发生变化，网络点击率开始影响电视的收视率，网络广告开始分流电视广告。在美国，越来越少的人会选择看电视，尽管电视收视率总体下滑并不明显，但是，年轻人——这个电视公司最关注的年龄群市场，正在以令人惊讶的速度萎缩。互联网出现以后，18岁以下的美国人看电视的平均时间减少1/5。据全球最大的互联网服务商America Online的最新调查显示：其37%的客户使用互联网后，减少了看电视的时间。据《财富》杂志公布的报表，目前美国四大电视网的收视率总体上一直在下降，而互联网络每年产生高达10亿美元的广告收入，这就使得一些传统产业的巨人们不得不早做打算，在互联网的争夺战中抢占先机。

在这样的形势下，电视媒介不得不从融合中寻找出路。电视媒介要困境突围也离不开运用数字化技术，一方面要借助计算机技术、多媒体技术、数据压缩技术来实现高效制作；另一方面采取虚拟演播室、视频点播来实现个性化发展。随着全数字交互电视（比如IPTV、网络电视）逐步进入千家万户，电视的这种转型正在成为现实，数字电视的功能很强大，相当于电视机和电脑的组合，不仅可以用来收看电视还可以用来上网或处理文本等。同时，电视台也通过更新节目播出形式来赢得受众，比如新闻滚动播出、节目互动、视频点播、现场参与等形式不断出现。这些都是电视面对数字化新媒体挑战时所做出的积极反应，目的是促使电视这种失落的主流媒介（曾经的主流媒介）向着更高、更深的层次发展。

不断发展的新技术，使得广播与新媒介、新技术的融合成为必然趋势。新媒介新技术对广播的影响巨大，影响表现之一就是新媒介为广播媒体提供足够丰富的消息或新闻来源。新媒介对整个媒体产业特别是新闻工作者继续产生着重要的影响。互联网成为信息和新闻的主要来源，各种数码产品诸如便携式电脑、智能手机和数码相机成为新闻从业者主要使用的工具，新闻 24 小时随时会发生，新闻故事和图片能够随时随着产生，这也意味着自由撰稿人数量的增加和对多种技能的要求。

一直以来，电视被公认为是一种碎片化、无深度的娱乐媒介。网络媒介诞生之前，电视将媒介在满足受众对信息的丰富、多样的需求方面优于传统报媒。网络媒介诞生之后，这种优势已被网络媒介取代，网媒更新信息的速度节奏及其信息容量等方面是电视媒介远远不能跟上的。这从某种程度上意味着电视媒介为追求信息容量所采取的"碎片化"运行策略已经跟不上时代发展的要求。

3.新媒体时代的来临

新媒体是相对于传统媒体而言的新兴媒体，这一概念由哥伦比亚广播电视网（CBS）技术研究所所长戈尔德马克（P. Goldmark）在 1967年提出。新媒体是与传统媒体相对应的新近出现的媒体，它是出现在报刊、广播、电视等传统媒体之后的新兴媒体，主要是指数字化媒体，包括各种数字化终端。它以数字、网络、移动技术为支撑、融合互联网、无线通信网、卫星等渠道，借助电脑、手机、数字电视机等终端，为用户提供信息、娱乐等服务的传播形态和媒体形态。

新媒体较之于传统媒体，有它自己突出的特点。一是平等性与互动性。依据加拿大学者罗伯特·洛根的观点，"旧媒介是被动型的影像媒介，'新媒介'是个人使用的互动媒介"。传统媒体的传播方式是线性传播、单向传播，如电视、广播、报纸、杂志等，受众通过这些媒介获取的信息大部分是延迟的、滞后的，缺乏及时性且被动地接受。受众在新媒体面前获取信息摆脱了被动地位，建立了一种互动关系，媒体与受众、受众与受众之间更多的是多元化的交流关系。新媒体使得信息传播者和接收者的身份差异不再明显，两者的地位趋于平等，每个人都可以成为信息传播者。而且，新媒体成为传播者和接收者之间信息的双向互动传播的桥梁，信息传播表现出双向互动或多向互动，例如通过互联网论坛发帖跟帖、聊天转发信息等。

二是即时性与快捷性。时代与技术的发展促使新媒体不断更新换代，互联网等新媒体具有即时传播的特点，受众可以在任何时间、任何地点通过新媒体接收信息。新媒体突破了信息传播在时空上的依附性，网络信息可以在任何一个网点发布并迅速传遍全球。

三是虚拟性与模拟性。网络上的一句经典话语"互联网上，没人知道你是一条狗"把新媒体的虚拟性表现得淋漓尽致。网络中传播的诸如文本、图片、视频、音频等各种信息都是以数字信号的形式被传输、记录和存储的。网络中的信息仅仅是一串串虚拟的符号，信息传播者和受众大都是虚拟的，信息交流的仅仅是双方抽象的符号。

四是开放性与共享性。由于信息传播随着新媒体技术的发展已经逐渐突破了地域的限制，互联网已经将整个世界联系成为一个整体，互联网世界中的地球已经真正成了"地球村"。网络等新媒体给人们带来的是一个开放广阔的海洋，大量信息面向社会大众开放，无论何时何地，你只需要轻轻点击鼠标，快捷且强大的网络搜索功能让我们轻松搜索到所需要的信息，实现信息共享的全球化、最大化。

新媒体种类很多，主要以网络新媒体、移动新媒体、数字新媒体等为代表。融合的宽带信息网络，是各种新媒体形态依托的共性基础。移动终端是新媒体发展的重要趋势。数字技术是各类新媒体产生和发展的原动力。网络新媒体亦被称作第四媒体，包括门户网站、搜索引擎、虚拟社区、RSS、电子邮件／即时通信／对话链、博客／播客／微博、维客、网络文学、网络动画、网络游戏、网络杂志、网络广播、网络电视、掘客、印客、换客、威客／沃客等。手机新媒体包括手机短信／彩信、手机报纸／杂志、手机电视／广播、手机在线游戏等。新型电视媒体包括数字电视、IPTV、移动电视、楼宇电视、云电视等。其他新媒体有隧道媒体、路边新媒体、信息查询媒体及其他新媒体。

（二）媒介融合与审美新情境的营造

融合，就是多种媒介的整合、互渗、合并、交融，比如手机与报纸的融合，形成手机报；网络与报纸的结合，形成报纸的网络版；网络与电视的融合，形成网络电视（IPTV）等等。

1. 各种媒介的融合趋势

媒介技术发展让目前的传播媒介呈现出多种媒介并存的格局，主要的形式有广播、电视、报纸、杂志、互联网、手机等。传统媒体诸如报纸、杂志、广播、电视等与网络、手机等新媒体共同构成的多角度、多方位的传播架构。技术革新打破了传统媒介之间的界限，互联网加快了媒介融合的步伐，多种传播媒介共生共存并呈相互融合的趋势。就目前国内来看，媒介融合尚处初步阶段，融合模式单一，主要表现为传统媒体与互联网等新媒体的单向融合，如电视与网络的融合、广播与网络的融合等。当然，媒介融合是媒介技术变革的必然趋势，也是人类信息交流文化传播发展的需要。当广播电视等主流媒体让位于互联网、互联网成为主流媒体以来，传统的媒介族群不可避免地发生了质变。在此之前，诸如报纸、广播电视等传统媒介都可以相对独立地操作新闻实务，有自己独立的团队并独立开展经营活动等。互联网的产生与普及对这些传统媒介构成巨大的挑战，尽管传统媒介不会立即消亡，但是它们的衰落是有目共睹的，传统媒介不得不从新媒体特性中寻求解决方案，以延续生存之路。媒介融合推进传统电视与视听新媒体融合发展是内外浸透式的，包括媒体外部环境（政治、经济、文化）及媒体自身环境等各个方面，营造新的审美情境。

2. 数字化媒介融合之路——走向全媒体

媒介融合走向"全媒体"的表现形式主要有两种：一是通过跨领域整合与并购组建大型跨媒介传媒集团，提升核心竞争力；二是通过媒介技术融合形成新的传播手段，甚至是全新的媒介形态。在全媒体发展过程中，互联网起到至关重要的作用，互联网的应用与普及为影像新媒体开创了广阔的发展空间。传统媒体向影像媒体转型是当代新媒体转型的必然趋势，网络视频、数字电视、手机电视、户外显示屏等的出现与应用就是传统媒体转型的重要表现。媒介的融合与发展包含着一个"物理变化"趋向"化学变化"的过程。随着由多种传播手段并列应用发展到种媒体有机结合，全媒体新闻将转变为融合新闻；媒体机构叠加与组合将发展为新型机构组织，真正促进融合媒介的运作与发展；全媒体记者与各种专业记者的将建立分工合作关系，彼此依存；媒介机构也将重新定位和寻找新的业务模式，以适应在新的市场格局。媒介融合突出表现为新媒体技术尤其是多媒体技术的综合应用，充分运用计算机来综合处理文字、声音、图形、图像、动画、视频等多种内容信息，并将传播信息内容数字化并融汇、整合、呈现于交互式界面，使各种视音频终端能够交互展示不同的媒介形态。数字化多媒体技术擅长于进行交互式工作和网络联结，使得多媒体本身就成为名副其实的融合媒介，即成为融合两种以上的媒介形态，表现出集成性、易扩展性、互动性、实时性、多功能性等特性。多媒体技术为高效率、视觉化的信息传播提供了延展性的表达方式和表现手段，构筑了良好的信息发布空间和传播平台。无论是传播信息还是交流互动，多媒体都能表现得更逼真、更形象、更生动、更完美。近年来存储、传输信息载体（如 DVD、CD-ROM、闪存卡、蓝光光盘、互动网页、蓝牙、光纤、无线通信等）得到了迅猛发展。电视科技节目中的三维动画、虚拟场景，科普活动中的多媒体仿真展示、互动演示，运用虚拟现实所提供的三维体验，利用网络、手机等进行的音视频演播，公众的日常交流，接收和发送信息，与科学对话，娱乐与互动体验，都能利用新媒体技术进行异常快捷、鲜活丰富的感官体现。

网络电视是多种媒介融合的典范，它由电视、互联网、通信、视音频终端等多种媒介融合而成。随着数字化技术的发展，电视技术与网络结合产生网络电视，各种网络终端通过数字技术的支持都具有一定的视频播放功能。网络电视具有视频数字化、传输 lP 化、播放流媒体化等基本形态。一般来说，完整的网络电视产业链的构成表现为：宽带内容制作商—网上播出单位—内容整合商—分发商—宽带网络运营商—技术设备提供商的合作。IPTV 已将媒体内容承载在 IP 网络之上，真正实现了电视产业媒体传播方式的改变。它将海量信息承载在 lP 网络上，能够为用户提供高质量的数字媒体信息服务，充分实现媒体提供者和媒体消费者的实质性互动，能够提供实时和非实时的业务，让用户可以随意选择宽带 lP 网上各网站提供的视频节目。

就目前而言，手机是媒介融合的集大成者。它将通信媒介（移动电话、短信收发、邮件收发等）、影音娱乐媒介（音乐播放器、视频播放器、游戏机、照相机、录音机、收音机等）、网络资讯媒介（微型电脑、上网本、炒股机等）、实务媒介（闹钟、记事本、电子词典、计算器、计时器、万年历、换算器、手电筒等）融为一体，将众多的媒介功能集于一身。美国学者保罗·莱文森曾这样描述苹果手机的融合情景："iPhone 实现了我们想象的景观——把报纸、视频、网页、聚友网和脸谱网上的朋友、微博和博客带进了我们手中那块小小的屏幕上。"手机成了名副其实的"万能机"。

二、媒介裂变与审美文化创新

（一）数字化媒介裂变与审美文化

人类社会在口语文化时代，人们以口耳相传为主要交往媒介。在文字文化时代，各种纸质印刷品是传媒的主要载体。在当今的媒介文化时代，一切都在发生视觉化、形象化的转型，其特征是数字化媒体杂陈与勃兴。数字化媒介是基于计算机网络应用及多媒体技术传播信息形成的媒介技术的统称。数字化媒介在信息的处理上，具有以下特征：一是传输和复制信息更快捷；二是储存和提取信息更简易；三是传播信息的方式更自由；四是信息的交流方式更平等；五是传播本身音、文、图像并茂以及动态逼真等。因而，人们的传播观念与审美观念受到深刻影响。电脑和手机都是数字媒介的典型代表，以电脑为代表的网络媒介正在发展为世界性媒体，是继报纸、广播、电视之后的"第四媒介"，而作为移动信息终端的手机因其便捷性被誉为"第五媒介"。而数字媒介的变革发展快速地走向、广泛地渗透、深入地融合进大众的日常生活和工作中，深刻地改变着人们的生活、工作方式和心理面貌，并形成独特的媒介审美文化。可以说，没有数字化媒介的出现就不会有人们对媒介问题的深刻关注，更不会有对随之而来的审美文化创新的广泛讨论。

根据国内外全媒体发展现状分析，随着全媒体进程的不断发展，各种媒介在融合的同时，其形态和终端及其生产也更加专业化细分化。比如传统的纸质报纸分化为印刷报、手机报和数字报等；广播电视也拥有较为更丰富的产品形态，有网络电视、手机电视等。多样化的媒体终端也带来了传播网络的分化，比如手机媒体、网络电视、数字电视、电子阅读器等所依赖的传输网络也存在差别。当然，媒介的生产流程更加专业化、细分化，在媒介融合过程中出现信息的包装及平台提供者走向专业化的趋向，导致媒介的裂变。在当前现实生活中的数字报纸、电子杂志、手机媒体等领域已经开始呈现专业化趋向。这让大众审美过程的载体变得多样化，进而影响大众的审美方式。

（二）数字化媒介裂变形式

裂变，就是媒介在变革中不断地产生新的媒介形态，比如报纸和杂志的数字版、数字电影、数字电视、3D动画、仿真场景、虚拟影像、网络新闻、网络视频、网络音乐、播客、博客、微博、手机视频、手机动画、飞信等。

媒介在变革中不断产生新的媒介形态，就裂变模式可以分为以下几种形式：一是一种新技术和某种媒介的结合形成某种新媒介形态，如数字技术和媒介的结合形成数字电影、数字电视、报纸和杂志的数字版等。二是一种媒介和某个需要表达的内容的结合形成的某种新媒介形态，如通过媒介网络表达新闻内容形成网络新闻，网络传播音乐形成网络音乐，在手机媒介上播放视频形成手机视频等。三是多种媒介的结合形成新的媒介形式。四是通过媒介功能的发展演变由一种媒介派生出多种媒介。

数字化将许多复杂多变的信息转变为量度的数字、数据，再建立起数字化模型进入计算机处理，将文字、图像、语音、影像，包括虚拟现实及可视世界的各种信息等加以数字化。因此计算机不仅可以计算，还可以发出声音、打电话、看电影等，就产生了用数字媒体代表各种媒体，描述千差万别的现实世界。

电视作为一种现代电子媒介已经有了近百年的历史，它是以科技进步为依托的现代电子媒介，与科技进步息息相关。在传统的模拟系统中，声音和图像被转换为电信号后，才能在电线、光纤之类的物理支持系统中传输。在数字技术中，以0和1为基础，可以对不同的信号进行处理，数字技术和电视结合可以形成数字电视。报纸作为一种具有悠久历史的传播媒介，字符、字母和平面图片是主要运用的手段，但报纸受时间和空间的制约，传播速度受影响，将数字技术和报纸结合，可以形成数字报纸，提高传播速度。数字化电视给电视传播带来革命性的变化，电视系统的全面数字化，可以促使电视与通讯、计算机业务的一体化形成。除了数字电视、数字电影外，在设计、生产产品时，利用数字技术，可以开发相应的动画作品，这就是3D动画，将产品动态地展现在人们面前。"对建筑等的设计，可以利用数字技术，将设计好的建筑物虚拟展现出来，这就是虚拟场景技术。"

网络作为一种信息传播的载体在媒介的裂变过程中扮演着重要角色。当今社会，无论国际国内发生某某事件，报纸的新闻传播及时性低，广播、电视新闻在日常工作中也受到限制，网络使得信息的传播更为迅速，并且对信息内容的广度和深度方面有其独特的优势，这就形成了网络新闻的形式。视频可以记录声音、图像、色彩、动作等，在网络技术的支持下，形成的网络视频拓展了信息的传播范围。

如上所述，网络是新媒介的典型代表，是媒介融合的标志性产物。美国著名媒介理论家保罗·莱文森在他的专著《新新媒介》一书中，详尽而脉络清晰地将网络媒介细分为各种媒介形态。他认为，媒介系统到了数字时代，似乎呈现出了高速进化的状态。"新新媒介与电子邮件和网站等'古典'的新媒介不同，那些新媒介又不同于报纸、电视之类的旧媒介。新新媒介很新，几年前它们还没有立足之地，其中的几种还不存在。"他列举道：电子邮件、网上书店、iTunes 播放器、报刊网络版、留言板、聊天室等，是互联网的第一代媒介；而博客网、维基网、"第二人生"、聚友网、脸谱网、播客网、掘客网、优视网、推特网等，则是互联网上派生、裂变出的第二代媒介。

不管是"新媒介"，还是保罗·莱文森眼中的"新新媒介"，都不会是媒介变革的终结。媒介的变革发展、裂变派生是不断向前、永无止境的，新媒介的新种类、新形态会层出不穷。今后的电脑抑或是电视机会是什么样的？我们尽可以展开想象的翅膀去尽情展望。目前，名片式电脑、手表式电视机、火柴盒大小的投影仪、穿戴式或眼镜式显示设备、家务机器人、远程家电控制系统等，已逐渐由研究设计进入商用普及，逐渐进入大众的日常生活。我们完全有理由对保罗·莱文森所预言的下一代媒介即新新媒介的"超级版"充满期待。

第二节　从媒介技术到社会文化

在当今媒介时代，传播技术往往并不仅仅是自然科学领域的纯技术，由于使用（掌控）媒体的人（集团）的意志、利益、需要、目的不同，技术会外化为种种真实的社会存在物。技术并非完全中立的工具，许多技术特性不可避免地影响到传送内容的特征，使其直接或间接地发生内质的变化。正如美国学者曼纽尔·卡斯特所说："虽然技术就其本身而言，并未决定历史演变与社会变迁，技术却体现了社会自我转化的能力，以及社会在总是充满冲突的过程中决定运用其技术潜能的方式。"❶

因此，传媒科技的应用与意识形态有着深层关联，与文化霸权、知识权力也密切相关，科技发展并非实验室或象牙塔里自发进步的东西。一种技术在某个社会阶段能否得到广泛采用，"必须满足某种需要才能获得成功。这种需要的特定类型是由意识形态决定的"。从 20 世纪中期起，阿多诺、雷蒙·威廉斯、哈贝马斯、伊格尔顿等众多学者都探讨过这个问题。而影视科技与社会意识、政治经济、文化权力的互动，则催生出当代影视艺术创作与接受中几种相生相克的现象（特征）：一是全球化影像传播导致的影视作品主题的普泛化；二是微观化、个人化影像对意识形态之网的突破；三是影像播送渠道日益增多、制作者与接受者之间的互动增强，造就了能够对意识形态进行超脱甚至反抗式解读的"积极受众"。

一、媒介技术与社会意识的关系

关于媒介技术，时常存在一些简单化的看法：科技是中立的；技术研发可以在学术领域中独立进行；科学技术的发展与社会意识形态没有密切关系等。对此，许多人文学者进行了辨析与反驳，指出科学技术

第六章　大众文化视野中：「影像媒介」与「审美疲劳」

---

❶ 陈艳.微信的社会功能研究 [D].大连：东北财经大学，2014.

尤其是通信、传媒技术与社会整体意向、意识形态有着密切关联。雷蒙·威廉斯说："所有技术研究和实验都是在早已存在的社会关系和文化形式之内进行的"，或许在实验室里科学家们可以较为自由地选择研究内容，但并非所有新技术都有机会走向社会应用，只有当某种技术应合了整体社会需求，或被某种政治经济势力选中时，它才得以投入生产和运营，开始具备社会意义。每一场技术革命的背后，都有社会意识、政治经济、文化习性的博弈互动。正如英国学者戴维·莫利所说："科技发展过程并不是通常人们想象的那样，是技术固有的能量遵循一个自然的或是预定的轨迹被逐渐释放出来的，而是在应用过程中不断地与社会中的各种利益产生摩擦斗争逐渐形成的。"❶

（一）社会需要决定技术应用

现代传播媒介面世及后来种种技术革新的应用历程，都印证了上述"技术革新与社会文化、意识形态互动"的观点：

较早的一个例证是无线电的普及——这项技术在 19 世纪 60—80 年代就逐步研发出来了，但并没有立即上市，而是被搁置了相当一段时间，直到 1920 年左右，大通信公司认为这一技术可以创造巨大的商业、政治价值，才做出了让收音机上市的决定："要让接收机在市场上销售，并创造公众对它们的需求。这被证明了非常成功，然后必然会以各种新的方式想到节目安排和经济资助。为它们之中的这个或那个而做出的各种不同决定，以及它们全部的特殊文化效果，依据的是有关社会中现存的政治安排和经济安排。"1922 年，英国开播了世界上第一个无线电广播娱乐节目，随后，收音机进入千家万户，广播艺术也得到迅速发展。

及至电影出现后，也有很多技术进步的采纳或弃用受到社会需求、意识形态的影响——有时某种技术得到应用（或拒用）与文化惯例有关，有时则直接与政治意识形态相关。例如，今天我们已经很习惯彩色影

---

❶ 宋瑜.后现代语境下的传媒研究 [J].上海大学博士论文，2010.

片，并且多少觉得黑白影像是粗糙简陋的（除了少数艺术片故意以黑白影像制造某种特殊效果外），但当初彩色电影技术刚刚出现时，并没有顺利地得到人们的接受，因为早先的观众习惯接受黑白影像，彩色电影初面世时，带给观众一种神奇绚丽之感，便形成一种思维惯性——黑白影像稳重扎实，宜于反映现实；彩色影像奇幻炫目，"代表了神奇和超现实"，只有一些纯虚构想象的魔幻片才会使用这项技术，因此"彩色电影用了很久才在好莱坞站稳脚跟"。到今天，用彩色影像讲述写实故事已经稀松平常，但上述现象在数字技术刚成熟不久的今天似乎又重演了——至今数字技术还极少被用来绘制写实风格的影像，因为人们觉得这项技术能实现人们上天入地的各种奇幻想象，不应该用来制造与现实相近似的景象，所以数字技术尽皆被投入宏大壮美、现世罕有的神奇景观创造中去了。这就是新技术与文化习性、审美惯例的互动关系。

另一个例证是电视的普及：其实，在电视进入寻常百姓家之前，与其有关的前期技术发明，如摄影、电影、无线电等早已经出现和成熟了，但直到 20 世纪 40 年代以后，上述技术才得以集拢复合成为电视技术，接收机才进入普罗大众的家庭。这与西方"二战"之后公共生活衰退、人们的文化生活退缩到家庭中有关；与现代工业化城市"一种既流动又以住宅为中心的生活方式"对在家庭中安设一种视听媒介的需求有关。也就是说，社会总体生活趋势与文化意向呼唤、催化了电视技术的成型。同时，当时的资本主义国家统治阶层也很高兴普及这一技术，因为"它是作为一种与家庭生活紧密相连的传播模式被发展出来的。它的出现使得社会人群更加原子化和相互隔绝，而这些人以往曾经参与类似政治集会、游行等形式的社会聚集，也曾经是工会等定期聚会的大众组织的成员。从某种意义上来说，电视技术的普及服务于资本主义社会中权力阶层的政治利益。对家庭的关注限制了对于重要的政治议题的大众化反应"❶。事实确实如此，当代大众的业余生活普遍地越来越以家庭为

---

❶ 宋瑜.后现代语境下的传媒研究[D].上海：上海大学博士论文，2010.

单位，甚至多数时候就局限在家庭空间中，传统时代的广场聚会、街头闲聊、公共会所交流等形式大为减少，电视把人们舒适地圈在家中的沙发上，让他们与公共事务疏离开来。

到 20 世纪晚期，广播及影视的卫星传播技术又得到迅猛发展，许多西方大媒体如英国广播公司（BBC）、美国有线新闻电视网(CNN)、美国新闻集团(News Corporation) 等都引入这项技术，使自己的节目能够跨越国界，将政治立场、文化观念传送到世界各地。在这场技术升级运动的背后，最终主导力量是政治机构和经济机构，而非技术或媒介本身发展的自然结果。今天，大多数第三世界国家的现状是：自产的电视节目不足以填充繁多的频道，必须依赖向外购买，而在外购节目中，美国电视节目占很大比例，因此全球多数地域的电视观众都在接受着美国文化理念，或多或少地（各国呈现出不同状况，有较为顺应的、有较为抗拒的）受到其意识形态的影响。总的来说，目前西方发达国家文化权力处于强势地位，挟其媒介优势向其他国家传输文化与意识形态理念，第三世界国家则总体上处于传媒文化的边缘弱势地带。

另外，某种意识形态出于维护自身的目的，不允许一些传播技术得到应用。这多数与宗教戒律或独裁政治有关：例如在一些严格施行伊斯兰教规的中东国家，政府或宗教组织禁止人们看电影，因为电影中可能有违反教义（如无神论、多神论、女性衣着暴露）等内容。而金氏家族统治下的朝鲜，则是一个互联网不与国际网络接通的国家，民众只能在国内局域网上浏览非常有限的信息。

（二）"二手经验"与意识形态

除了意识形态挑选传媒技术应用于社会外，很多技术本身的特性，也呈现出某种独特的表达能力，导致其宜于（或不宜于）意识形态的传播，这也影响着它们与文化惯性、意识形态的互动。在这个"（掌控媒介的）社会集团—媒体传播—受众接受"的过程中，传输技术、传播方式（如播送方式、摄制角度、剪接技巧等）都对其内容产生影响，影像技术的运用或技术的外化与决策集团的文化立场、意识形态有着潜在关联。具体而言，影像的写实立场、剪辑方式、数码制作等，都有可能被意识形态所利用甚至扭曲，制造出符合其潜在宣传目的的影像。

由于影像媒介的极度发达，人们越来越依赖媒体来了解世界，观众接受经过媒体过滤与选择的"第二手经验"，难以亲身去经历或查证媒体所提供的海量信息，媒体则总是声称自己展现了"全面的真实"。影像的视觉特性及所摄对象均为实物的特征加强了这种真实感，使观众觉得媒体就是让我们直接目睹世界的窗口。然而，影视图像在播放前通常要经过删选剪辑，它的"写实"有时只是从某一侧面来表达现实，却力图表现为囊括了所有方面。每一个掌握着媒体信息播送渠道的集团，总是各自有其立场与偏好，"大众传播组织并不是在真空里运作着，而是在其他也具有自身倾向的各种机构的影响之下运作着……各有不同程度的可信性"。经过删选的传播内容便被附加了不同的价值判断，引导着观众按它们的规则去理解现实和适应社会秩序。一个显著的例子是在"二战"时期，德国宣传部门放映给国内观众看的新闻纪录片，全都是德国军队胜利、推进战线的内容，而把战败溃逃之类景象通通删去，"德国人因此而得到逼真的印象，他们不得不相信德国军队占尽优势。……随着德国人在前线的崩溃，真实的感觉就成为最大的灾难。传播手段的现代发展造就了更加逼真的效果，同时也造成了更大的虚幻"。

而影像的"蒙太奇"剪辑技术，更是易被别有用心的影像制作者运用来扭曲和篡改事实。早在20世纪四五十年代，著名电影美学家巴赞分析长镜头与蒙太奇的差异时就意识到了这一现象，巴赞主张纪实电影尽量多用长镜头，尊重事件自然空间的连续性和时间的延续性，减少人对影像的主观干预。而蒙太奇手法既有剪切重排，就必定会加入制作者的主观意图。众所周知，早在20世纪初，格里菲斯、爱森斯坦等人的电影实验就证实：蒙太奇手法可以通过调整影像顺序、并置原本不相干的景物、添加理念象征物等方式，传达出与原初现实大不相同的内容。

这种手法用于虚构故事的叙述，可以大大增加其叙事生动性、丰富艺术效果，但若用于纪实新闻影片，就很可能扭曲真实、抹杀真相。而现当代传播史上，政治权威、文化权威利用蒙太奇编辑方法篡改现实、欺骗观众的情形，亦不罕见。"二战"期间，德国女导演莱妮·里芬斯塔尔执导的歌颂希特勒政权的《意志的胜利》，为意大利墨索里尼统治时期拍摄的颂扬法西斯主义的纪录片等，均属此例。

数码技术的成熟，又极大地拓展了"制造主观影像"的可能性。如今影视制作者甚至不需要拍摄实景素材，仅仅利用数字技术就可以造出逼肖现实的影像，则"知识权力"的拥有者若要制造具有蒙蔽性的报道，就更为方便了。总的来说，未来的意识形态部门在利用影像技术诱导观众的感知、影响其思想方面，手法必然越来越高妙。因此意大利学者安东尼奥-梅内盖蒂担忧，技术与媒介终有一天会联手创制出极其逼真难辨虚实的信息世界，造成一种"影子效应"："人由于失去了完整性，便成为符号的奴隶，这就像柏拉图式的神话一样——以为投射在洞穴深处的影子是真的。"那么，在现实历史中，影视技术究竟是常常被动地为意识形态利用，还是也有可能起到破坏、反抗意识形态的作用呢？

（三）两大阵营之争与当代新态势

关于影像技术与社会意识形态的关系，西方学者多有争论。从 20 世纪上半叶起，形成了明显对立的两个阵营，一方以法兰克福学派的阿多诺、霍克海默为代表，另一方以本雅明为代表。

阿多诺根据绝大多数影视媒介被政府或大财团掌控的现象，认为影像技术必定会被统治阶级利用，成为统治者蒙蔽、欺骗大众的有力手段。他通过影视艺术与传统印刷品（主要是书籍）的比较，认为影像每一帧画面都转瞬即逝，容不得观众多思考，因而观众对影像的接受是一种强势灌输，而传统读者在阅读书籍的过程中可以流连于某些书页，进行沉思的思考；由此可见，在电影和电视传播过程中，观众较为被动、较少有机会作出批判性反思。此外，早期影视节目的播出，由于电视频道少、节目不多，通常是单向度传播，观众只能被动地收看、不能进行有多频道的选择，更不具有点播节目、建议修改等主动权利，这就造成了在面对资本主义意识形态的传播时，大只能处于弱势地位。由此可见，阿多诺认为影像技术必定只能成为意识形态麻醉、物化人民的工具，悲观地看待不断发展的现代传播技术。

与阿多诺不一样，本雅明却乐观地看到了媒介技术所带来的革命性、民主性的一面，认为技术进步已成为现代政治的一部分，能够对政治产生积极的影响。首先，影像技术通过机械复制和播映大量影视作品，打破传统时代艺术品稀少、高雅艺术难以进入寻常百姓家的局面。本雅明认为机械复制艺术则取消了"原作"的崇高地位，消解了艺术的神圣性，艺术由少数人掌控的珍秘之物变成大众随时可以观赏甚至参与创作的消费品。使传统的"灵韵文化"逐渐转向"民主文化"，广大民众获得了比印刷时代多得多的欣赏艺术学习文化的机会。其次，由于电影故事直观呈现且通俗易懂，打破了书面阅读要求的教育壁垒，欣赏电影更为大众化。比如，一般的大众看不懂现代派画作，却能轻松地欣赏影视艺术。此外，本雅明还注意到，人民大众不仅可以是影响接受的受众，还可以成为演员，在影视中展现自己的生活和劳动……以上种种，都使本雅明相信，当影像技术为革命艺术家所用时，便能为更广大的民众带来真相与启示，颠覆统治阶级的意识形态。自从 20 世纪 40 年代以来，很多学者多加入了阿多诺与本雅明的论争，双方各执一词影响深远。哈贝马斯、杰姆逊等人站在阿多诺的立场，认通政治集团操纵媒体限制大众思想自由以服务统治阶级的意识形态；而恩森斯伯格、麦克卢汉等人则基于当代传播技术的快捷性、普及性及便利性等认为大众通过参与媒体言论可以获得权力的公平分配、原有的文化权力等级会随之改变，文化精英不再能垄断信息及其解释权，媒介技术可能带来更多的民主，现实、影像与真理的理想关系就有希望建构起来。

上述两大阵营的分歧在 20 世纪后半期曾经鲜明坚固，学者们似乎只能二中择一。但在最近的十几年里，学界又产生了新的看法：研究者结合当时时代媒介传播特征来解读阿多诺—本雅明之争，认为阿多诺—本雅明之争的那个年代媒介传播属于"播放型传播模式"，媒体少受众多，受众选择信息余地很小，难以接触到不同立场的声音，因此领受信息时较多被动性，也容易被媒体传输的意识形态所同化。而随着 20 世纪末信息高速公路及卫星传播技术的出现，媒体与受众数目比例大大改观，导致来自不同文化立场的信息大量增加，观众可以在更多的信息资源中进行选择，同时也有可能增强自身的甄别、判断、领悟能力，越来越多的受众逐步具备了积极主动地解读信息的能力。现状说明，当初阿多诺的担忧确实有些过虑，尽管统治阶级总是意欲掌控艺术传播和民众思想，但影像艺术也并没有全然落入其意识形态的罗网。尤其当传播媒介进入网络时代后，更丰富的信息得以更快捷、广泛流动，边缘人群、边缘思想得以发出自己的声音，受众也能够更主动地选择艺术作品，甚至可以参与到作品的创作中去，艺术的普及度、互动性和大众性大大增强。

二、互动模式

近半个世纪以来，由于收视、观影技术的不断提升，观众的收视心态、收看方式以及对信息的接收渠道与媒体的互动方式等都产生了种种变化，从而使得观众与影视传媒及其意识形态立场的关系也发生着持续变动。"技术并不可以简单地被看作被我们所用的对象，它起到了构建我们的选择和偏好的作用……政治与技术的关系具有持续性和流动性：政治过程塑造了技术，技术又塑造了政治。"❶

西方的影视受众研究，大概始于 20 世纪中期，这一时期多数美学理论比较关注创作者，研究影像接受的成果很少，其中较为引人注目的是阿多诺和霍克海默的意识形态与受众理论；而后，随着时势的变化，尤其西方"接受美学"在 20 世纪 60 年代兴起后，影视审美接受研究也

---

❶ 钟丽茜. 传媒与意识形态关系的世纪变迁——论"阿多诺—本雅明之争"的时代局限性 [J]. 中国图书评论，2015.

得到迅速发展。目前，西方的影视受众研究基本上形成一种共识，将20世纪40年代至今的受众研究分为三个阶段：①影响阶段（20世纪40—60年代），在这一时期，学者们普遍相信媒介（尤其是电视）掌控受众的力量非常强大，对观众有直接、强烈的影响，大众对电视节目中包含的意识形态内容被动而温顺地接受。这种传播—影响模式称为"训示模式"；②运用与满意阶段（20世纪60—80年代），在这一时期，观众不再是完全被动地吸纳电视的灌输，他们逐渐成为一个积极的主体，在社会的进程影响下产生自发的文化需求，主动决定自己需要什么样的信息，并从媒介提供的各种可能性中去寻找和选择。这种接受模式称为"咨询模式"；③解码阶段（20世纪80年代至今），这一时期的观众更为主动积极，更不易被影视节目所麻痹或牵引，他们主动地对影视节目进行"解码"，从各自的社会地位、立场和偏好出发"赋予"节目多样化的意义。这一接受模式称为"互动模式"。

（一）从乌合之众到积极观众

阿多诺和霍克海默在其《启蒙辩证法》等著作中，时常讨论到电影和广播的受众（其时电视还没有普及）。他们的观点带有明显的印刷时代阅读经验的痕迹，以及浓厚的知识分子精英色彩。换言之，即以书籍阅读的静观沉思惯性来要求影像观赏，以精英分子的批判思维及高贵口味来俯视大众。从这种视角看去，他们眼中的普通观众不具备严谨深思的修养和习性，缺少理性批判的思维能力，是一个被动接受意识形态灌输的群体，节目生产者制作和传递什么，他们就如其所愿地吸纳什么。由于这一时期的受众被视为没有主动性的均质整体，没有区分其个性的必要，因此也被称为"大众受众"——这基本上是一个贬义称呼，意指趣味低级、缺乏自觉意识的民众，在娱乐产品营造的麻醉氛围中被动接受挑逗、渗透及洗脑的乌合之众。（其极端例证是墨索里尼时期的意大利观众和希特勒统治时期的德国观众，他们对媒体的驯服接受甚至被称为"皮下注射"型，意识形态灌输对他们的有效性就如同针剂注入皮下即引起体内反应一般灵验。）

从阿多诺、霍克海默到其他西方马克思主义理论家，如阿尔都塞、马舍雷、马尔库塞等，基本上都将影视观众视为缺乏判断力与批判眼光、需要受启蒙和引导才能不被意识形态洗脑的群体。这种定义在今天看来，一方面显露出精英知识分子对大众的低估；另一方面则应归因于20世纪中期媒体传播的现实局限——首先是媒介工业规模尚小，影视产品较为有限，尤其是早期的电视，频道稀少、节目匮乏、播放时间短……在这种媒介源总体较为稀缺的状况下，观众普遍对影视节目有一种较为虔诚、专注的接受态度，在节目收视方面也没有太大的挑选余地，因此就比较容易被其中的意识形态内容浸染、渗透。总而言之，"大众受众"的产生与20世纪中期媒介文化的诸多因素有关："这些因素包括：都市化集中程度；相对廉价且面向大众的传播技术（规模经济）；有限的软件（媒介内容）供应；个人接收的高成本；社会集中化（垄断或中央集权制）；民族主义。"而20世纪晚期至今的情形则有所变化，"技术的发展正（又一次）逐渐削弱形成这种大众受众的可能性和必要性"。❶

20世纪晚期出现了各种新技术、新形势，一方面，影视媒体的规模发生巨大增长，出现众多媒体集团，电影公司和电视频道都大幅度增加，观众面前骤然出现众多可供挑选的影像作品；另一方面，各种录制、存储、重播技术的成熟，使观众可以更灵活地使用影像媒介，不必像从前那样恭敬而被动地等候节目播放，收看影视节目的时间控制权从传播方转到了接受方手上……小到遥控器换台和录像机普及、大到卫星传送异国电视节目，这种种技术便利造成的结果是：观众逐步获得了对自身"信息环境"的控制权。随着频道及节目数量的增加，观众的选择面越来越广，收视主动权越来越大。对于早期的电视节目的接受，某一

---

❶ 钟丽茜.传媒与意识形态关系的世纪变迁——论"阿多诺—本雅明之争"的时代局限性[J].中国图书评论，2015（10）.

城市或某一国家疆域内的观众大多局限于接受来自某个单一权力统治下的意识形态宣传，而卫星传送及互联网传播技术的普及则让受众摆脱了地域局限、吸收不同文化立场的声音，逐渐脱离单一意识形态的同化渗透。于是，受众的"同质性"和"同时性"都降低了，观众开始细分为不同的群体，其中出现了一些富有审美经验和政治诉求的成员，他们解读节目的方式也不再像从前那么被动驯服。

尽管多数社会的观众对待影像媒介并没有明显的暴烈反抗态度，但越来越多的研究者认为，受众有可能在日常生活中、在微观层面上进行其抵抗。这种抵抗又分为两种情况：一是多数百姓在日常生活中采取的消极抵抗策略——以沉默、漠然的态度对待影像节目中的意识形态意图，他们在家里以消遣、游戏的心态观看影视节目，并不严肃恭谨地对待其中的教化内容，消遣完毕就将节目置之脑后；二是有些观众可能采取更积极的抵抗方式和更富于创造性的解读策略——这就是丹尼斯·麦奎尔所谓的"咨询型受众"或约翰·费斯克定义的"积极受众"。

"咨询型受众"是指"人们能够决定在什么时间、从中心信息源所提供或储存的信息中选择什么内容"。丹尼斯·麦奎尔认为，随着录像带、CD 等媒介刻录保存技术的发展，再加上近年互联网上出现的影像视频搜索下载功能，许多影像作品都可以储藏起来以备随时查询调用，"只要采取图书馆式的收藏和保存方式，就同样意味着能够把受众相应地界定为积极的搜寻者。……咨询作为一种媒介使用形式，解放了个人，使其不再被视为一种归属于媒介源的受众，同时，也剥离了受众那种古老的、被训示的意味。这样的'受众们'已经是一群个性化的信息消费者了。"

约翰·费斯克心目中的"积极受众"则是更为激进主动的一类影像收视者——在他看来，任何影视文本原本就不具有固定唯一的意义，有多种诠释的可能，其意义是受众与文本进行"协商"而产生的，"解读不是从文本中读取意义，而是文本与处于社会中的读者之间的对话"。每一位观众出于不同的心理需求、应用不同的社会经验去解读文本，都会得出不同的意义，观众在此过程中是一个主动的参与者，他享受着"语义民主"，并能够在创造意义的过程中获得一种"生产者"的快感。

未来的影像传播技术，在促进传受双方的互动性方面应当还有很大的发展空间，观众的接受活动将更为自由和多样化，他们有可能在更多元的文化立场上欣赏影像节目，将文本解读变成意义争辩的场所，即"以激进的方式进行解读，并能赋予这些话语超越主流意识形态框架的符号优先权"。

（二）电子媒介环境与主体的动态构建

当代日新月异的媒介技术不仅在收视渠道的开拓、媒体与观众互动、增加受众的主动权等方面有重要的探索，而且还就观众本身的主体构建及其艺术解读方式有着更深切的关注。以《第二媒介时代》而闻名学界的美国学者马克·波斯特在这方面颇有研究。马克·波斯特根据笛卡尔的主体理性哲学认为个体主体是理性的、自律的、稳定的，"他"有自己稳固的意识、立场及需求。根据西方学者的研究，一般来说，理性自律的个体首先处于自然状态，存在于社会之外，然后受到社会文化及意识形态的影响，作为主体的"他"被教化、填充、渗透等。阿多诺、霍克海默以及20世纪晚期哈贝马斯根据主体的这种地位，把主体看作是预先存在、内质稳定的对象，而将媒介文化、意识形态视为从外界对上述主体施加限制、操纵、压迫的力量。也就是说，在早期受众理论的传统视角中，文本的意义是稳固单一的，受众主体也是固定封闭的，"这主体是一个映衬被动的客体世界的稳固的认知点，主体借助话语确立它对客体世界的控制位置。"❶德里达的"书写"、拉康的"想象界"、福柯的"话语/实践"、利奥塔的"歧见"等后现代文化理论打破上述观点与立场，颠覆了过去理性主体的稳定性本质，认为主体始终处于动态建构当中，是不稳定。在拉康、福柯看来，主体的理性自律能

---

❶ 钟丽茜.传媒与意识形态关系的世纪变迁——论"阿多诺—本雅明之争"的时代局限性[J].中国图书评论，2015（10）.

力并非与生俱来的，个体要通过语言结构的塑造才实现社会化、成为一个有自觉意识和自由意志的主体；主体也并不始终处于清晰稳固状态，相反"他"可能一直在与文化、与他者的交流中努力地塑造、认证、修改、纠正自己。马克·波斯特结合当代媒体语境并借鉴解构主义学说，把当今资讯、媒体极度发达的时代看作"第二媒介时代"，由于这个时代的文化对个体的塑造能力极强，认为应当建构一种新的主体概念——一个"永远处在动态建构过程中的主体"。由于当代大众不断通过媒介传播获取新文化，而且在这个过程中不断地通过各种媒体渠道与社会组织及他人互动，成为"一个多重的、撒播的和去中心化的主体，并被不断质询为一种不稳定的身份。……随着传播的这种权力政体广为传布，主体只能被理解为具有部分稳定性，在不同的时空点上被一再重新构型，具有非自我同一性，因此总被理解为部分他者"。由此可以看出在传媒技术、主体构建以及意识形态的潜在关系中"新媒介对现代性的抵抗的主要特性在于它们对主体状态的复杂化，在于它们对主体形成过程的非自然化，在于它们对主体内在性及其一致性的质疑"。传播媒介越是发达，个体就越是处于多种信息频密交汇的场域中，"他"不断受到各种文化立场的召唤或质询，这个柔软、开放、未凝固的主体通过诸种技术渠道吸取新成分、修整自身形态，在解读文化作品、接受或反抗意识形态的互动过程中对自我进行持续塑型和反复定位。❶

今天笛卡儿意义上的单纯稳定主体已不复存在了，新的时势要求我们把主体性看成是不统一的，看成是一块斗争的场地，而不是意识形态相互妥协的统一的场地。被电子媒介环绕的现代人，可能从原初的无意识层面开始，就受到媒介中语言结构的影响，而建构起主体的自我形象。在未来，电子媒介交流将对更多的个体产生深远影响。任何企图限制、固定和扭曲自我构建的意识形态话语，都将在主体不断新陈代谢的

❶ 钟丽茜.传媒与意识形态关系的世纪变迁——论"阿多诺—本雅明之争"的时代局限性[J].中国图书评论，2015（10）.

第六章　大众文化视野中：「影像媒介」与「审美疲劳」

过程中受到质询和考验。乐观地看，无论哪种意识形态都不能再像从前时代那样稳固长久地掌控大众了，它们将在主体持续动态的吐故纳新中被扬弃。

三、全球化与传播内容

伊朗导演阿巴斯认为电影最大的作用就是激发观众的想象力，电影要么让观众的日常生活变得更轻松，在接近麻痹的精神状态中承受生活中的一切；要么使人们经常反省自己的生活，以反叛的精神状态决定改变自己的生活。影像作品与意识形态的关系，近百年来一直在"顺应"与"反叛"之间产生复杂关联。时至今日，发达的传播媒介已经将世界缩小成一个"地球村"，意识形态与影像技术的互动，又产生了新的关联。

现代科学技术造就了一个"全球化"时代，在便捷的交通与通信工具的连接下，人们感觉世界"缩小"了，"世界作为一个整体的意识"得到不断强化，世界范围的社会关系与文化关联日益密切。如西方学者索亚所说："地方发生的事受到远距离事件的影响，反之亦然，这样遥远的地方就联系到一起……世界总人口的大部分都意识到在整个行星上扩展的全球化过程，每个人的日常生活都被这个全球程度运作的人类活动网络影响着。"

（一）跨国媒体与传播内容普泛化

在影像艺术传播方面，自从 20 世纪末卫星传播电视节目的技术成熟后，电视传播的"国界"就逐步消失，电视信号可以穿越国界线，打破旧有的民族文化、政治疆界、商业地盘而覆盖全球。电影方面，诸多技术的发展也促进了大量影片的发行放映：早期主要靠增加院线发行拷贝；及至数字电影逐渐增多，电影的复制发行更方便快捷；等到互联网技术加入影像传播，传送规模就愈加巨大、速度更加迅疾。当今信息播送迅速覆盖全球的技术水准，使得诸多影视媒体都能够直接面向全世界播映，这一形势向影视制作者们提出了新的课题：为了追求最大规模的受众，他们需要努力加强作品内容的普适性，设法寻求能够超越各种文化樊篱的主题。这就导致当今影视片的一个显著特征：内容及意识形态的普泛化、单一化。

过去曾有不少人以为，在全球化传播的信息交流情境中，凭借极其便利的信息传输媒介，世界很快即可实现多种多样的文化交流，共享种种先进的理念、信仰、文化……但展现在我们眼前的现实是，全球化传播导致的似乎是传输内容日益浅显单一，而不是深刻多元。为什么呢？英国学者雷蒙·威廉斯在 20 世纪 80 年代就做过富有预见性的分析。威廉斯不相信仅仅因为信息传送的广泛与快捷，就可以轻易地实现文化的多元繁荣。在这里，技术与媒介首先受到商业力量的垄断，掌控全球性媒体的都是西方大资本集团，"我们现在主要拥有的，是由资本主义资助的一个庞大的艺术部门"。而大财团一旦拥有全球传播的媒体，自然要生产行销量最大的商品，追求最大化的艺术市场，因此它们希望媒体播放的影像作品最好能适合所有地域观众的观念与口味，抢占媒体传播范围内最高的收视率与最多的影院票房。商业霸权在此刻挟带着文化品位溢出国界，逐步打造出一种极具普适性的影像文化。全球化传播模式下最容易产生的不是深沉有力富于个性的艺术作品，而是被稀释调配成简单平易便于消化的"速食品"，只有这样的产品才能适合最大多数观众的口味。因此，追求最广泛传播的艺术作品就不得不进行最大限度的内容同质化，不得不放弃深刻、多元、先锋、另类等特质。多样文化的深入碰撞与交融，并不如人们想象的那么乐观。假如说现代传播媒介确实在某些方面把地球变成了一个"村"，那么"村民们"能够欣赏到的主要还是具备某种最基本的共通价值的文化产品。意大利学者安东尼奥·梅内盖蒂甚至尖刻地批判道："今天的电影、电视观众和媒体受众的行为都标准化了、规格化了，变得更为刻板定型了……社会福利主义的许多做法似乎是在促进这种情况的发展：为了帮助不足者而降低优秀者的水平。"

（二）"人性"主题及其空泛化

什么东西能跨越种族、宗教、政治、地域、性别等的差异，而令全球观众都易于接受呢？目前看来，"人性"是以好莱坞为主的西方电影找到的最好的药剂。按照《现代汉语词典》解释，"人性"指的是"人所具有的正常的感情和理性"，而在当代电影文化中，主要是指作为人应有的正面、积极的品性，比如博爱、平等、善良、正直、同情弱小、追求幸福等。人类普遍追求的共同价值，大致都坐落在以下几个地方："有形而上的一面（宗教或献身精神）；有性或色情的一面，有积极意义的爱；还有怜悯的一面，即社会性的爱。"从20世纪八九十年代起，西方电影明显地出现一种以温暖"人性"弥合人际鸿沟、扶携孤独心灵的趋势。近些年来，好莱坞电影采取人性关怀的叙事策略，立足于诸如人道主义、爱情、亲情等基本人性来演绎故事，以获得广大观众的认同，而好莱坞电影曾经惯常采用的政治、意识形态及地域风格的叙事趋于淡化或者隐蔽。雷蒙·威廉斯有几句论述，很适用于当今的好莱坞电影——"在意识形态上所插入的，是一种同质化了的人性模式，它是由两三个中心有意识地提供的：垄断化的公司和大都市的知识分子精英。"

20世纪八九十年代较明显地展现甜美人性主题的电影，如《为戴茜小姐开车》（1989年）中，女主角戴茜与儿子给她雇的司机黑人老头的身份、肤色、种族、性情、宗教等都格格不入，但二人都正直、善良、具有同情心，在生活磨合中情谊渐厚……影片没有叙述任何惊人奇特的事件，从头至尾都从点滴日常琐事入手，在亲切寻常的景象中慢慢积淀情谊、营造温暖氛围，令观众感受到一种贴心动人的温情。人性具有超越种族和国家的温情，这样的影片送到世界各国去放映，都会被观众理解和接受，会获得不错的票房。因而，注重人性主题挖掘的电影，在艺术理想和行销策略上都符合好莱坞电影制作的要求，因此在随后的20多年里，类似主题的电影越来越多。2005年上映的高票房影片《阳光小美女》，也有相似特征，以"温暖亲情"人性感染观众。摄于2008年的《纽约我爱你》更像甜美的冰淇淋，在这部电影的多个故事单元中，人们隔阂与背叛都被人性的温情化解，冷峻艰难的都市生涯被抹上一层滑润的"人性"奶油，孤独心灵之间的沟壑被迅速填平，显得过于美好流畅。

电视方面也是如此。在今天，电视跨国媒体已建成，许多国家都可以同步收看相同的剧目。风靡多国、广受欢迎的节目基本上也有相似的"普泛人性"特征，例如美国电视剧《达拉斯》《鹰冠庄园》《老友记》等。英国学者尼古拉斯·阿伯克龙比分析《达拉斯》在90多个国家赢得高收视率的原因，认为主要因素是"①部分主题和准则的通用性和原始性使得节目在心理上容易接近；②许多故事具有多价性或开放的潜在性"，由于《达拉斯》的主要情节成分是浪漫爱情、善恶冲突，亦即四海之内处处皆有的基本人情，所以很多收视反映是"如果观众的社会环境与《达拉斯》中描绘的不符，他们并不在乎，而使他们感动的是在人物之间的关系中显露出来的感情。这些感情对人类的境况可能具有普遍的适应性"。澳大利亚学者洪美恩在研究这部连续剧时也发现一个有趣的现象：一些在社会上属于"文化精英"层次的观众（如政治学专业的大学生）一面羞愧于自己在追看低俗的"大众文化"的电视剧，一面却又难以割舍，觉得"廉价的情感果真打动了"自己——这或许正说明了人性化主题具有一种"人同此心"的基础性的感染力。

"人性"日益明显地变成了当前追求全球收视（或票房）影视片创作的一剂万能涂料，尤以好莱坞影片为甚："人性"在传记片、英雄片（如《美丽人生》《勇敢的心》《角斗士》等）中成为帮助编剧把人物塑造得真实立体的手法；"人性"在灾难片中成为人们互相扶持救助的基本动力，比如在《泰坦尼克号》《后天》《世界末日》《2012》等灾难片中，大难临头之际人们的互相救助便闪耀着人性的光辉；在战争片（如《拆弹部队》）中"人性"可以解读成为崇高人道主义，也可以成为超越对立、渴望和平的理由（如《冷山》）；在表现底层人物、弱势群体的作品（如《雨人》《珍爱》《弱点》等）中，借助"人性"的光辉，弱小者可以得到扶助，主流阶层与边缘群体之间可以达成谅解，消除阶层对立。"人性"往往能唤起"人同此心，心同此感"的共鸣，能发挥极大的灵魂效用，以此为表现主旨或编剧策略的优秀影视作品不少，如《末代皇帝》《拯救大兵瑞恩》《英国病人》《巴别塔》《穿越国境》《更好的世界》等，均可作为正面例证。它们将"人性"放置在严酷的语境中进行深刻质询，并不流于简单甜美的升华。对现实的严酷与人性的作用有较清醒恰当的表现，在揭示严峻的现实真相之后，虽然也展现弥合的希望，但并不过度夸大人性的作用）。然而目前的问题并不是以"人性"为主题不能创作出优秀作品，而是"人性"这剂药方成了近些年来全球化影像创作中过于单一的药剂。但它是否真的百试不爽？近年来的主流电影隐隐显现出两个问题：一是过于频密地用这一武器来化解矛盾，似乎任何人际的、文化的隔阂都能在温热的"人性"面前冰消雪化——纵览最近的好莱坞主流大片，关于宗教、性别、种族、地位、职业、智力等的个体差别——被暗中悬置起来，各色人物都回归（或下降）到一个最基本的人性平台上，于一片朦胧动人的温情中化解纷争，和谐共处；二是仅仅立足于这个平台去弥合个人主义过度发展所造成的社会鸿沟，除此之外难以建树起其他的公共价值。在诸多影视片的滥用下，"人性"内涵往往变得空洞、折中、流俗，只能以一种均等化手法生硬地消融人与人之间的差异与隔膜，最终只是印证了雷蒙·威廉斯和安东尼奥·梅内盖蒂给予的"稀释""刻板""定型"等评价，让受众在感动的同时也产生审美疲劳。

当然，这也不仅只是影像传播的全球化导致的问题，再往深处看，是后现代社会本身制造了这个难以突破的困境：后现代文化最大的弊病，就是只反叛和消解传统文化，却极少建树新的信仰或价值，导致怀疑主义气氛四处弥漫。当整个社会价值分裂、鸿沟纵横，当个人主义膨胀溢流、主体间性无法消融时，艺术家也难以寻找到更高更好的共通价值去统一它们，只能往下寻找一个最基本的公共平台——"人性"去拆除樊篱化解坚冰。但是单靠来自"人性"的基本同情与相互理解，在多数现实情况下并不足以承担弥合文化分裂、实现灵魂沟通、促进个体与社会交流的重任。总的来说，影视片单一"人性主题"的问题并非影像艺术家这一群体的智慧能够解决，这是一个更深层次的整体社会文化的难题。目前，重建公共价值是整个当代文化的任务，需要通过公共领域的重建来修正过于多元偏执的私人领域，重新提倡个体与社会发生深切联系，通过多重文化立场之间的充分对话，在求同存异的交流与互动中达到彼此的深入了解，从中取得营养与活力，从而有可能在一些高于"普适人性"的维度上展开多元文化之间的深刻交流。总之"人性"主题的重复也会让人审美疲劳，寻求电影主题创新仍然是影视编导的重要责任。

四、美学突围

按照当代政治学、社会学的定义，"意识形态"是指一种"系统化的脱离现实世界的观念"，是政治权力为维护自身统治而编造的系统性的谎言，其主要特征是把统治阶级塑造成全社会所有阶级的利益的代表，将本来只属于少数人的利益打扮成全民信念，并让所有社会成员认同这一幻象。当这种掌控和规定全面深入大众头脑，当社会中绝大部分的人对于某些事情的想法都很类似，甚至忘记了目前的事务可以有其他的选择时，该意识形态就成功地确立了其文化霸权。从文化艺术方面看，意识形态想要掌控对各种观念、隐喻、象征、感性意象的解释权，想要规定各种艺术意象的意义，进而框定大众在审美过程中感受事物的方式，形成种种对统治阶级有利的解读。中外历史上有许多例证，种种政治或宗教意识形态特意树立某些艺术意象，以颂扬自身的权威，常见的如中国古代朝廷以龙凤代表皇家庄严形象，西方基督教文化以十字架象征宗教福音、以百合花象征信念的纯洁等。而在现代影视作品中，一个极端的例证是"二战"时期著名的歌颂纳粹政权的电影《意志的胜利》，影片中出现了很多具象象征：昂首展翅的雄鹰代表纳粹第三帝国的雄风；德国城市里雄伟的塔楼、军营里高耸的烟囱，象征着国家与军队的"进取精神"；极端整肃严谨的军士队伍、各具地域特色的士兵面孔，喻示着纳粹政权在德国民间的强大感召力……这是一部充斥着大量象征符号的电影，以种种威严雄壮的景象赞美一个独裁政权。

要使意识形态占据大众头脑，其文化策略是尽可能地把现行文化中常用、多见的意象为己所用。因此，在某种文化权力统治下，许多常用的、宏观的艺术意象都被"招安"为歌颂意识形态的文化符号，而不符合其旨趣的则会被压抑甚至灭绝。如果要反抗意识形态文化话语宏大叙事、主流艺术、常见意象的话，其策略可以从诸如微观事物、边缘文化等尚未被意识形态所浸染、同化的事物或意象入手，去揭示世界的真相。本雅明和雷蒙·威廉斯在这方面先后有过精辟的论述。

（一）本雅明：微观事物对意识形态之网的突破

现代传媒技术的发展，一方面营造出全球化传播网络，带来了浅显单一的普泛人性主题的泛滥；另一方面，摄录技术的日益普及、平民化，以及发表途径的多样化、廉价性，使得一些影视艺术家个人或小团体又能够以微观、边缘的现实生活为题材拍摄影像，这些影像艺术力图突破意识形态的禁锢、揭示现实世界。

本雅明认为艺术家不仅要重视拍摄的题材，也要重视先进技术的应用，通过技术扩大作品影响，让大众也参与艺术创造。他在《摄影小史》中倡导艺术家可以通过影像技术拍摄纪实性的镜头，发掘并记录边缘性、微观性的事物，以对抗意识形态对真实世界的遮蔽。本雅明正是通过"微观记录"的方法解构旧意识形态、建构革命理念。汉娜·阿伦认为本雅明热衷于从"细小，甚至毫厘之物"来解释现实世界；伊格尔顿认为本雅明善于运用"边角料和偶然性"来认识世界；本雅明自己则声称"力求在最微贱的现实呈现中，即在支离破碎中，捕捉历史的面目"。这都充分证明了本雅明善于在微小、边缘但"具有爆炸性力量"的事物中发现"革命"的主题。

本雅明以关心微小事物、捡拾文化边角料、挖掘精神废墟的方式，建立了一种富有奇特魅力的美学。正如伊格尔顿评价的：他"避开了历史大道，……在某一孤立的富有特征的建筑前驻足徘徊，……这种举动可以说把整个景物大胆地置于其轴心上，以使我们再也无法十分有把握地肯定它的中心就在我们原来料定的地方"。在这样的偏僻地带，各类事物都尚未被主流意识形态赋义、定型，它们处于游离状态，等待着艺术家的首次发现和阐释。在此，影像艺术有可能发掘出意识形态未曾占领/回避言说/不敢直面的真相。❶

（二）雷蒙－威廉斯：直面真相的自然主义

英国马克思主义理论家雷蒙·威廉斯认为，媒介技术既可能被意识形态利用于制造欺骗性的幻象，也可以用于揭示社会真实。"从一开始，媒介的各种特性就可以用于完全不同的甚至相反的效果。可以直接复制出简单的幻觉，而且随着技术的发展，可以构造得令人不可思议……可以用这些方法来显示或表示真实的但隐蔽的或被阻塞的各种关系。"他提出，影视艺术应当关注边缘、关注底层的真实生活，照它们的本来面目去考察，他将这一主张称为"自然主义"。

"自然主义"在一般的艺术理论（尤其在中国当代文艺理论）中常带贬义，多数是指一种对生活机械琐碎、不经思考和升华的照实记录。雷蒙·威廉斯的理论则取"自然主义"较为积极的含义：力求客观真实，不追求戏剧性，不经虚饰和扭曲地实录生活，真诚面对和发掘生活真相——"自然主义在历史上与社会主义有着密切联系。作为一场运动和一种方法，它关切地要表明人与其真实的社会环境和物质环境不能分开。……各种行动始终是在特定语境中的和有形的。自然主义的主要原则，即'所有体验都必须在其真实环境中去看'。"威廉斯认为，尽管过去的影视作品已经汗牛充栋，却仍没有真实、全面地反映现代人的生活真相，大多数的影视片要么是虚构的浪漫奇幻故事，要么是记录王

---

❶ 钟丽茜.摄影技术及影像生产的审美功用——本雅明电影理论研究 [J].文化产业研究，2012（6）.

公贵族、社会名流的显赫事迹，要么是源自奇特惊人的新闻事件……而民间、底层的生活仍常常被摄像镜头忽略或遗忘。"在三个世纪的现实主义艺术之后，在四分之三个世纪的电影之后，仍然还存在着我们自己的人民生活的大量领域，它们几乎还没有以任何认真的方式被考查过……"

威廉斯认为，电视（以及纪录片型的电影）可以因其技术优势（直接拍摄现实生活场景），而表现生活的真实，它们比其他类型的艺术更能真切地展示现实社会关系。意识形态话语总是试图用谎言和假象来制造一种与真实脱节的"伪现实"，它们或者是对现实作扭曲美化的解释，或者是将一些事实掩蔽扼杀、置其于沉默境地。而在广阔的生活领域中，仍然"存在着各种社会现实，它们大声呼唤那种认真的详细记录和有特征的关注"。艺术家的任务，"始终应当是在这些迄今为止沉默的，或分裂的，或确实被错误表现的体验的领域之中"挖掘真相，让沉默之物发出声音、让原来处于喑哑边缘的人与物获得言说自我的机会；恢复被简化和粉饰的事物关系，恢复人们"在劳动、爱情、疾病和自然美的全部复杂性当中生活"的原貌。"如果我们是严肃的社会主义者的话我们就将经常在这种真实性质中并通过这种真实性质——在其细节方面始终那么令人吃惊，而且经常很生动——发现意味深长的社会的和历史的条件与运动，它们能使我们用某种洪亮的声音谈到人类历史。"❶

---

❶ 杨磊.雷蒙·威廉斯的"现代主义"文化批判[D].哈尔滨：黑龙江大学，2014.

第三节　反思技术，走出疲劳

就影像媒介本身来说，它是客观化、物质化、工具化的存在，本身并不具有感情，是冰凉的，只有当它被人类对象化以后，才被赋予一定的情感意义。在大众文化视野中，影像媒介作为表情达意的中介，能够表达人类的思想情感，具有煽情的功能。大众传播媒介借助各种先进的科技手段、通过声光色影的渲染来模仿和再现人类情感并感染大众。曾经鸿雁传书的表情方式已经被电子邮件、QQ 聊天、视频电话等方式所取代，曾经的远距离的相思的忧伤已经被便捷的媒介交流所消解。多少次人们被媒介中的场景感动得热泪盈眶，多少次人们为好友的网上邂逅而惊喜万分，多少次人们在虚拟场景的嬉戏中尽情欢娱，影像媒介实实在在解放了人的情感，拓展了人类的感性空间。数字化影像媒介借助虚拟技术不仅使人类拥有真实的现实世界，还会呈现一个虚拟世界，使得人类真正拥有两个世界。因而，影像媒介可以借助数字化虚拟技术为大众创造超越时空的审美空间，丰富大众的感官需求和刺激大众的想象力。人们在日常生活中，拥有"现实"和"虚拟"两个情感交流平台，人类情感的触角通过影像媒介可以跨越距离甚至时空的限制伸向奥妙无穷的虚拟空间。

然而，技术在"煽情"的同时也会导致人们的情感缺失。科学技术是把双刃剑，创造飞速发展的生产力给人类生存提供物质保障、通过媒介技术营造审美空间让人们获得精神满足的同时，也会使人对科学技术产生依赖并导致各种各样的疲劳。由于现代科学技术的发展，技术与情感不可避免地结合在一起，情感是有温度的，而技术本身是冰凉的。众所周知，情感是具有审美价值的各种艺术形态的本质特征，审美的媒介化在某种程度上表现为情感的媒介化。情感和媒介技术遵循各自的逻辑，当人类的情感过分地依赖于科学技术，这势必会造成情感逻辑屈从于技术逻辑，使得情感丧失其主体性表达。审美从严格意义上来说是一个抗拒物化并遵循主体原则的领域，主体原则是审美的基本规则。技术也同样是自律的，技术所追求的是效率或利润，效率或利润原则是技术的基本原则。当大众沉浸在技术带来的审美愉悦中，这种浸泡式的审美感知会使得审美主体的能动性在媒介环境中磨失掉，人的情感化为技术的附庸，并由技术来引导和摆布，导致大众在审美过程中主体性原则失效和情感自由的丧失。毋庸置疑，技术在煽情的同时也会带来大众的情感缺失，具体表现如下：

首先，大众影像媒介改变了大众的审美方式，审美平面化、直觉化、被动化，传统意义上审美的距离感、情感提升、主动参与性缺失。影像媒介作为当代主要的文化传播媒介，它有别于传统的诸如铭文简牍帛书及印刷书籍等，影像媒介的产生是一场符号的革命，它不仅仅利用文字来传播信息，更主要的是利用声光色影等手段来传播信息。以现代化科学技术为支撑的影像媒介，已经深入地影响了大众的生活，加拿大学者麦克卢汉在其《理解媒介》一书中揭示，影像媒介已经作为人的生命的一部分而存在。在传播史上，曾经发生过两次重要的革命——语言的产生和文字的产生，现在正在发生一场新的传播革命——信息传播的数字化。尼葛洛庞帝的《数字化生存》揭示了在互联网等多媒体条件下，人类的生活方式出现了前所未有的改变，人类已经进入了"数字化生存"的时代。媒介技术的革新特别是影像媒介直接地影响着人们的阅读方式，也影响了个体的审美体验和感知。正如鲍德里亚所说的"影像媒介加强了人们思想观念和日常经验的一体化过程"。在影像媒介审美过程中，观众或听众沉浸在平面的、单向度的审美体验之中，主体接受或拒斥意义处于被动地位，而非积极地参与到意义的流动和生产过程中去，而传统审美活动中的距离感、情感化、主动参与等逐渐消失。在文化媒介传播历史上的不同阶段，不管是口头媒介、印刷媒介还是电子媒介都要诉诸感官，麦克卢汉把影像媒介看作是人类感官的延伸，并认为口头、文字、电子三种不同的文化媒介对个体的感知方式有不同的影响。他认为："技术影响不直接发生在意见和观念的层面上，而是坚定不移、不可抗拒地改变人的感觉比率和感知模式"。一般来说，人类的审美接受有一个从感官刺激到精神提升的过程，而电视、电影、电脑等当代平面媒体所承载的各种信息（声、光、色、影）瞬间性和即时性呈现，充斥着大众的眼、耳等感觉器官，几乎不会留有空闲的余地让观众去思考、去提升精神，这样，传统意义上审美的距离感缺失和情感难以提升，传统审美方式上的"文字增强人的逻辑分析和留有余地的思维空间"也随之断裂。而那些习惯于传统"言有尽而意无穷"的审美方式的人们在感受大量信息"狂轰滥炸"之时势必会产生"应接不暇"的疲劳和缺乏情感提升。

其次，与传统艺术品具有原创性或独一无二的"韵味"不同，由于现代文化工业的复制技术和标准化的生产模式，文化产品独特的"韵味"被排挤掉了，由复制和标准化造成的形式的雷同和模式的类似，非常容易导致大众在接受过程中产生单调甚至麻木的情绪。在《机械复制时代的艺术作品》中，本雅明认为："在大众传媒时代凋谢的东西正是艺术品的韵味。这是一个具有征候意义的过程，它的深远影响超出了艺术的范围。"艺术品审美的很重要的一个方面是"它的独一无二的存在"，即富有独创性的韵味。在日常生活审美化的今天，不光是艺术品要求具有独创性，就连我们日常生活中的大众文化也要求具有独特个性，这是一个呼唤变革拥抱个性（独创性）崇尚多样性的时代，即便是同一个类别的电视节目，如果没有变革和创新，日子久了，观众也会厌倦它。上述各个媒体都在推出"人造美女工程"和"造星运动"就是典型的例证。大众传媒是通过市场来运作，如果没有观众它就会没有市场。所以，要缓解或摆脱机械复制大致的单调感觉及情感上的麻木，当代大众媒介只有通过变革与创新以满足大众不断发展变化的"口味"来获得市场，独创性和多样性是大众传媒的生命。在文化产品的生产与制作中，制作方也通过影像媒介不断"煽情"来获得"韵味"、赢得市场。然而，由于媒介在"煽情"的同时忽略了情感的真挚性及独特性，久而久之，"煽情"显得做作，也会让人产生厌倦甚至反感的情绪。可以说，概念化、逻辑化、技术操作的程式化是人类生命情感的死敌。个体生命情感的最深刻的体验在于这种体验的独特性和不可替代性，也是个体生命中最有价值的部分，谁也不愿意成为别人生活的影子，任何人的生活都不是别人生活的翻版，每个人今天的生活不等同于他的昨天，人只能在不断创新的体验中存在，而绝不是程式化的生存，这样才能感受到情感的律动和生命的意义。影像媒介按照一定的程式进行标准化生产，正如李思屈在《大众传媒：商业广告和审美的当代性》中所说，新闻报道偏重于复制现实世界，文艺节目偏重于复制情感我们的世界，广告则以事实和情感为外包装复制我们的欲望世界。这种复制在带来惊人的传播效率的同时也使得寄生与影像媒介之上的现代人在精神上趋于千篇一律，欲求上趋于技术化、标准化。当人们习惯与随着媒介学着电视恋爱、照着广告买时装、拿着报纸看世界的时候，他们的个性情感的独特性逐渐地被泯灭。这样长久下去，在人们的心理上势必会产生缺乏自我主体性的被动性的麻木，从而缺乏审美的特质，即个体自由实践基础上的情感提升，进而导致大众的审美疲劳。

最后，从生理学的角度来讲，由于影像媒介传播信息具有批量化杂糅化特点，加上大众文化的诉诸感官的特点，如果感觉上的官能刺激过剩且得不到有效的舒解（情感升华），大众也会感觉身心疲劳。21世纪已经进入到数字化、网络化时代，电脑、电视、手机等数字化网络终端都进入人们的日常生活中，大众的感官每天都淹没在大众传媒传播的各种信息中，处在兴奋状态，得到最大限度的满足。当声光色影等信息元素组大限度地满足了人们的官能需要时，传统审美过程中令人回味的"文字增强人的逻辑分析和留有余地的思维空间"也随之断裂，会造成人的感官的忙乱。正如麦克卢汉所说"声光色影构成的场景犹如一场芭蕾"，"眼睛耳朵和口语的复杂的穿梭关系一旦参与这一场芭蕾，那就必然要重塑整个的摄取生活，包括内心和外在的生活。就要创造那种当代艺术重新发现的'意识流'，但是同时它必然要产生感知和回忆活动的多重障碍"。现代医学实验证明，人体感官对外界信息的感受能力，将近 90% 依靠眼睛来观察和接受，10% 左右依靠耳听、鼻闻、手摸等方式。现代视听技术、数码技术、网络技术能够尽可能地满足了大众感官的需求，享受惬意的日常生活。根据麦克卢汉的观点，随着媒介历史的发展，人类的感官借助媒介技术得到延伸。然而，"人体的感官"毕竟不同于"技术的感官"，人类在单位时间内对信息的接受量是有限的，即便不会像电脑那样当信息量增大时而"死机"，但也会因"应接不暇"而疲劳！

正如科学技术是把双刃剑一样，当代影像媒介一方面给大众带来便利，通过复制、剪贴、粘贴等方式带来惊人的效率，为大众呈现新的审美空间提供新的审美体验；而另一方面在解构传统审美法则的同时由于信息的堆积及"狂轰滥炸"给大众带来困惑和厌倦。当然，面对这种局面我们没有必要对"工具理性"大加鞭笞。正如"汽车时代很少有人会固执地去坐马车""电脑写作的时代也很少有人愿意用鹅毛笔"，我们也很少有人愿意刻意地去回避技术遁入纯美的山野。潘天强先生在《多媒体时代如何对待审美疲劳》中谈道，"应该趋利避害充分地利用多媒体带给我们的技术优势为新的时代造就新的交往方式和为下一代创造新的社会环境。"●在上网打游戏的闲暇之余可以抽一点时间教会你父母使用电子邮件；在更换新电脑的时候，可以把旧电脑捐献给贫困地区需要电脑的孩子等等，不要因为沉溺于网络虚拟空间而忘却人类社会的很多美好。在这里，潘天强先生主张合理利用媒介的技术优势趋利避害克服审美疲劳，具体地说就是用"亲情"来提升情感缓解审美疲劳。周宪先生认为在工具理性主导的媒介文化中，由于技术在文化中的广泛运用，丰富和扩大了人们的审美文化时空，但同时也把技术规则带入文化，使得审美主体无被动地适应技术自身逻辑和要求，传统审美过程中的主动参与性逐渐弱化。在媒介技术呈现的新奇审美情境及传统文字符号营造

● 潘天强．多媒体时代如何对待审美疲劳．《光明日报》：2004/04/21

的审美空间两者之间，周宪先生认为"既坚持开放的立场，又保持清醒的批判意识。"既不能站在技术决定论立场上一味地沉浸在技术给审美文化带来的奇幻空间而对其负面效应视而不见，当然也不能站在狭隘的甚至保守立场对技术带来的一切变化、恪守传统的审美规则。可见，周宪先生在对待大众文化视野中"审美疲劳"时，看到了工具理性的两面性，既保持开放的胸怀，又持有批判的立场。

在大众文化视野中，为了消除人们的审美疲劳，建设中国当代审美文化，可以从以下三个方面进行引导和优化：

首先，建设中国当代审美文化要坚持社会主义意识形态的引导。建设有中国特色的社会主义文化，以马克思主义为指导，以培育有理想、有道德、有文化、有纪律的公民为目标，发展面向现代化、面向世界、面向未来的，民族的、科学的、大众的社会主义文化。以社会主义核心价值观引领文化建设，坚持"以文化人"原则，让文化融入人民群众的生活以满足人民群众精神文化需要，同时培育人民群众的理想信念、价值理念和道德观念以提升国民整体素质。让文化成为"推动国家和民族发展中的更基本、更深沉、更持久的力量"。文化建设还要坚持国际视角和全局视野，在传承和全面复兴中华优秀传统文化的同时，坚持"和而不同、各美其美"的原则，促进中华文化与全球文化的交流，使中华文化成为国际事务和全球治理的重要力量，共塑包容并茂的世界文化格局。

其次，建设中国当代审美文化，在加强对大众文化标准化建设的同时，更还要进行新颖独创性引导。借助现代影像媒介以标准化、均等化手段满足人民大众基本文化需求的同时，更要注重多样化、特色化的文化产品的生产，以满足大众多样化的文化需求。无论是对美的欣赏，还是对美的创造，都要求大众文化具有独创性，因为独创性是人类生命中最为深刻的体验。要舒解大众传媒时代的"审美疲劳"，更要强调大众文化的审美指数，就是要强调具有人文性的美，使大众获得的官能快感得到具有人文性内涵的崇高美的支撑从而实现情感的超越和精神的提升。

最后，要优化中国当代审美文化，就是要对大众文化进行审美化创造，也就是要建设具有独创性、超越性、包容性的审美文化。审美文化应该成为整个文化中具有审美性质的那一部分，也应该是渗透到文化各个领域的人类文化发展的高级阶段。无论对美的创造还是对美的欣赏都要求行为主体具有能动的创造性而不是被动的服从。大众文化的审美化创造还应具有超越性，要求美的创造者和美的欣赏者具有强烈的超越意识。这种超越意识的核心是对"人"的关注，对人的生存意义和方式的不断追问，也就是"终极关怀"。当审美进入到较高层次，实现人类审美追求的自觉，就会摆脱"麻木"，克服审美疲劳。大众文化的审美化创造还要建设具有包容性的文化，只有实现意识形态文化、知识分子文化、大众文化的和谐共存才能更好地舒解文化审美过程中带来的审美疲劳。❶

❶ 姚武．大众文化视野中的"审美媒介化"与"审美疲劳"．《社科纵横》：2007:05

结　语

　　从 2003 年电影《手机》的上映开始，"审美疲劳"作为流行语，它的含义随着研究的深入不断拓展，所反映和折射的社会文化内涵非常丰富。脱胎于传统美学的"审美疲劳"，在大众审美文化范畴中获得了丰富的文化学内涵。在大众影像媒介直接冲击的氛围中，观众的感官完全沉浸在其中，传统意义上的通过阅读获得的"体悟式"的清醒思索让位于当代审美文化"浸泡式"的审美体验。这种"浸泡式"的审美体验又被称形象地比喻为"视觉冰淇淋"或"心灵沙发椅"。从它涵义的演变可以窥见时代的深刻变化，它由美学词汇扩展为大众文化用语，深刻地反映了媒介文化的当代变革。随着当代媒介获得审美化的观照，那么，"审美疲劳"远不止用于形容当代人的"调侃"和"俏皮"的情绪表达，在"调侃"和"俏皮"的情绪表达背后还隐含文化工业（媒介变革）带来"狂欢"与"疲劳"。

　　对"审美疲劳"进行文化解读，既可以探究当代人"举重若轻"的"狂欢"心态，又可以反思当代大众"焦虑难耐"的"疲劳"现状。在当代审美文化中，一方面随着审美日常生活化的深入，"审美"成为大众获得感性解放纾解压抑情绪的"一面旗帜"；另一方面随着审美活动中"韵味"的丧失及复制化造成的"单调"，"审美"无疑又成为大众掩盖无聊生活发出的"病态呻吟"。当代大众在感受"审美狂欢"的同时不可避免地陷入审美媒介化导致的"审美疲劳"境地。大众的身心在理性和感性、内容和形式、放纵和反思之间折腾，累积了太多的"审美疲劳"。当代"审美疲劳"实实在在地作用于当代大众的灵魂，它除了印证"灵魂的发展史总是流连在感性与理性两极之间"的经典名言之外，还体现了当代人现实生活中的种种苦闷。毕竟，当代人"调侃"和"俏皮"的情绪发泄背后仍然存在"无奈"和"痛苦"，在遭遇累积化的身心疲劳之时，当代人只好通过语言的嬉戏聊且安慰灵魂的无助。与西方媒介文化中"娱乐至死"的表述相比较，"审美疲劳"这一表达更贴近中国当代审美文化语境，更能形象化地描绘当代中国大众面对当代媒介文化时的态度，这其中既传承了中国传统文化的乐观精神，又交织着对现代文化工业的反思。

在世纪之交的当代中国，通过探究"审美"与"疲劳"之间的互动与矛盾关系，可以对大众"感性狂欢"还是"理性引导"的文化选择态度进行反思和探究。认识当代审美文化，建设多层次的当代审美文化加强人文引导便成为走出"审美疲劳"的当务之急。建设当代审美文化，以弘扬主流价值为主导，应该坚持民族化、科学化、大众化方向，以满足人民群众日益增长的文化生活需要。

参考文献

[1] 胡经之 . 文艺美学 [M]. 北京 : 北京大学出版社 ,1996.

[2] 封孝伦 . 人类生命系统中的美学 [M]. 合肥 : 安徽教育出版社 ,1999.

[3] 陈波 . 真理与批判——阿多诺美学理论研究 [M]. 成都 : 四川大学出版社出版 ,2011.

[4] 罗钢等 主编 . 消费文化读本 [M]. 北京 : 中国社会科学出版社 ,2003.

[5] 余虹 . 审美文化论 [M]. 北京 : 高等教育出版社 ,2006.

[6] 李西建 . 审美文化学 [M]. 长沙 : 湖南人民出版社 ,1992.

[7] 陈炎 . 中国审美文化史 [M]. 北京 : 高等教育出版社 ,2007.

[8] 吴中杰 . 中国古代审美文化论 [M]. 上海 : 上海古籍出版社 ,2003.

[9] 王德胜 . 扩张与危机 : 当代审美文化理论及其批评话语 [M]. 北京 : 中国社会科学出版社 ,1996.

[10] 滕守尧 . 公司化社会与审美文化 [M]. 南京 : 南京出版社 ,2006.

[11] 刘士林 . 阐释与批判 [M]. 济南 : 山东文艺出版社 ,1999.

[12] 姚文放 . 当代审美文化批判 [M]. 济南 : 山东文艺出版社 ,1999.

[13] 戴锦华 . 书写文化英雄 [M]. 南京 : 江苏人民出版社 ,2004.

[14] 孟繁华 . 众神狂欢 [M]. 北京 : 中央编译出版社 ,2003.

[15] 周宪 . 文化表征与文化研究 [M]. 北京 : 北京大学出版社 ,2007.

[16] 夏之放 . 转型期的当代审美文化 [M]. 北京 : 作家出版社 ,1996.

[17] 陶东风 . 文化研究 : 西方与中国 [M]. 北京 : 北京师范大学出版社 ,2002.

[18] 周宪 . 中国当代审美文化研究 [M]. 北京 : 北京大学出版社， 1997.

[19] 周宪 . 视觉文化的转向 [M]. 北京 : 北京大学出版社 ,2008.

[20] 王岳川 . 中国镜像 : 九十年代文化研究 [M]. 北京 : 中央编译出版社 ,2000.

[21] 黄新生 . 媒介批评——理论与方法 [M]. 台北 : 五南图书出版公司 ,1990.

[22] 张锦华 . 传播批判理论 [M]. 台北 : 黎明文化事业公司 ,1994.

[23] 刘建明 . 媒介批评通论 [M]. 北京 : 中国人民大学出版社 ,2001.

[24] 王君超 . 媒介批评——起源・标准・方法 [M]. 北京 : 北京广播学院出版社 ,2001.

[25] 张宏源 主编 . 媒体识读——如何成为新世纪优质阅听人 [M]. 台北 : 亚太图书出版社 ,2001.

[26] 李彬译 注 . 关键概念 . 传播与文化研究辞典 [M]. 北京 : 新华出版社 ,2003.

[27] 石义彬 . 单向度、超真实、内爆 [M]. 武汉 : 武汉大学出版社 ,2003.

[28] 欧阳宏生 . 电视批评论 [M]. 北京 : 中国广电出版社 ,2000.

[29] 李道新 . 影视批评学 [M]. 北京 : 北京大学出版社 ,2002.

[30] 时统宇 . 电视批评理论研究 [M]. 北京 : 中国广播电视出版社 ,2003.

[31] 周安华 . 现代影视批评艺术 [M]. 北京 : 中国广播电视出版社 ,1999.

[32] [德] 西奥多・阿多诺 . 美学理论 [M]. 王柯平译 . 成都 : 四川人民出版社 ,1998.

[33] [加拿大] 马歇尔・麦克卢汉 . 理解媒介——论人的延伸 [M]. 何道宽译 . 北京 : 商务印书馆 ,2000.

[34] [意] 尼尔・波兹曼 . 娱乐至死 [M]. 章艳译 . 南宁 : 广西师范大学出版社 ,2004.

[35] [英] 阿兰・斯威伍德 . 大众文化的神话 [M]. 冯建三译 . 北京 : 三联书店 ,2003.

[36] [美] 丹尼尔・贝尔 . 资本主义文化矛盾 [M]. 蒲隆,赵一凡,任晓晋译 . 北京 : 北京三联书店 ,1989.

[37] [德] 瓦尔特·本雅明. 发达资本主义时代的抒情诗人 [M]. 王才勇译. 南京：江苏人民出版社,2005.

[38] [法] 古斯塔夫·勒庞. 乌合之众——大众心理研究 [M]. 冯克利译. 北京：中央编译出版社,2000.

[39] [德] 尤尔根·哈贝马斯. 作为"意识形态"的技术与科学 [M]. 李黎、郭官义译. 北京：学林出版社,1999.

[40] [英] 雷蒙·威廉斯. 文化与社会 [M]. 吴松江，张文定译. 北京：北京大学出版社,1991.

[41] [英] 约翰·费斯克. 理解大众文化 [M]. 王晓珏，宋伟杰译. 北京：中央编译出版社,2001.

[42] [英] 多米尼克·斯特里纳蒂. 通俗文化理论导论 [M]. 杨竹山，郭发勇，周辉译. 北京：商务印书馆,2001.

[43] [法] 罗兰·巴特. 神话：大众文化诠释 [M]. 许蔷蔷译. 上海：上海人民出版社,1999.

[44] [英] 尼古拉斯·阿伯克龙比. 电视与社会 [M]. 张永喜，鲍贵，陈光明译. 南京：南京大学出版社,2001.

[45] [英] 尼克·史蒂文森. 认识媒介文化 [M]. 王文斌译. 北京：商务印书馆,2001.

[46] [德] 沃尔夫冈·韦尔德. 重构美学 [M]. 陆扬，张岩冰译. 上海：译文出版社,2002.

[47] [法] 让·波德里亚. 消费社会 [M]. 刘成富，全志钢译. 南京：南京大学出版社,2001.

[48] [美] 赫伯特·马尔库塞. 单向度的人 [M]. 刘继译. 重庆：重庆出版社,1998.

[49] [美] 尼古拉斯·尼葛洛庞蒂. 数字化生存 [M]. 胡泳等译. 海口：海南出版社,1996.

[50] [巴勒斯坦] 爱德华·沃第尔·萨义德. 文化与帝国主义 [M]. 李琨译. 北京：三联书店,2003.

[51] [芬]尤卡·格罗瑙.趣味社会学[M].向建华译.南京：南京大学出版社,2002.

[52] [英]斯图亚特·霍尔.表征——文化表象与意指实践[M].徐亮,陆兴华译.北京：商务印书馆,2003.

[53] [英]特里·伊格尔顿.审美意识形态[M].王杰,傅德根,麦永雄译.南宁：广西师范大学出版社,2001.

[54] [斯洛文尼亚]阿莱斯·艾尔雅维茨.图像时代[M].胡菊兰,张云鹏译.长春：吉林人民出版社,2003.

[55] [美]赫伯特·阿特休尔.权力的媒介[M].黄煜,裘志康译.北京：华夏出版社:1989.

[56] [英]约翰·汤林森.文化帝国主义[M].冯建三译.上海：上海人民出版社,1999.

[57] [美]诺姆·乔姆斯基.新自由主义和全球秩序[M].徐海铭,季海宏译.南京：江苏人民出版社,2001.

[58] [美]诺姆·乔姆斯基.媒体操控[M].江丽美译.台北：麦田出版,2003.

[59] [英]约翰·斯道雷.文化理论与通俗文化[M]2版.杨竹山等译.南京：南京大学出版社,2001.

[60] [美]马克·波斯特.第二媒介时代[M].范静哗译.南京：南京大学出版社,2005.

后 记

从 2006 年的 3 万字的论文到现在近 20 万字的书稿，那是一个艰辛而快乐的过程。码文字是辛苦的，有时一天在电脑前坐十几个小时；思维的过程又是快乐的，特别是对自己喜欢的论题进行思考。但是完成书稿之后，心里面既快乐又不安，快乐的是完成多年来的心愿了；不安的是虽然自己已经努力了，但学术水平有限，肯定会有不少的纰漏。因而，敬请各位批评指正！

最后，感谢家人的理解与支持、领导的关怀、老师的指导、同仁的帮助、编辑的辛苦付出！

姚武

2018 年 10 月 20 日